云环境下数据存储安全技术研究

姜　堃　著

哈尔滨出版社
HARBIN PUBLISHING HOUSE

图书在版编目（CIP）数据

云环境下数据存储安全技术研究 / 姜堃著． — 哈尔
滨：哈尔滨出版社，2023.7
ISBN 978-7-5484-7379-4

Ⅰ．①云… Ⅱ．①姜… Ⅲ．①计算机网络—信息存贮
—安全技术—研究 Ⅳ．① TP393.071

中国国家版本馆 CIP 数据核字（2023）第 128602 号

书　　名：**云环境下数据存储安全技术研究**
YUNHUANJING XIA SHUJU CUNSHU ANQUAN JISHU YANJIU

作　　者：姜　堃 著
责任编辑：张艳鑫
封面设计：张　华
出版发行：哈尔滨出版社（Harbin Publishing House）
社　　址：哈尔滨市香坊区泰山路 82-9 号　邮编：150090
经　　销：全国新华书店
印　　刷：廊坊市广阳区九洲印刷厂
网　　址：www.hrbcbs.com
E - mail：hrbcbs@yeah.net
编辑版权热线：（0451）87900271　87900272
开　　本：787mm×1092mm　1/16　印张：10.25　字数：220 千字
版　　次：2023 年 7 月第 1 版
印　　次：2023 年 7 月第 1 次印刷
书　　号：ISBN 978-7-5484-7379-4
定　　价：76.00 元

凡购本社图书发现印装错误，请与本社印刷部联系调换。

服务热线：（0451）87900279

前　言

　　网络的迅猛发展带动了网络数据的暴增，原有的单机存储方式已经无法满足当前的存储需求，分布式环境下的云存储技术逐渐进入视野并发挥了极为重要的作用。云存储有别于传统的存储方式，数据的分布具有随机性，各个服务器之间进行数据通信和存储时需要依赖网络进行信息交换，同样面临着网络安全的问题，因此，相对于传统的存储方式，云环境下的安全性问题更为繁杂。

　　云环境下，计算机信息技术在社会各个领域的应用十分广泛，是我国国民经济转型升级的重要发展动力之一。然而不可忽视的是，"互联网＋"的渗透带来了极大便利的同时也暴露了较为严重的网络安全问题，其中数据存储安全问题尤为严重。云存储环境是目前比较主流的数据存储方式，众所周知的有阿里云、亚马逊云等。用户可以通过付费的方式租用私有云进行系统开发，数据的计算和存储都由云服务提供商来保证。因此这对云服务商提出了更大的挑战，一方面需要保证本身云系统的安全，另一方面，还需要保证用户传输到云环境数据的安全。

　　因此，面对这些新的安全威胁，云计算迫切需要通过一定的技术手段来保障用户数据的安全，逐渐建立起用户对云存储安全的信心。

　　本书是一本关于云环境下的数据储存专著，主要讲述的是在云环境下数据储存的安全技术。首先，本书对信息、数据以及储存的有关知识进行讲述；其次，对信息储存的发展以及云储存进行讲述；最后对数据储存的安全技术进行讲述。通过本书的讲解，希望能够在云环境下数据存储安全技术方面给读者提供一定的参考。

目　录

第一章　信息、数据和存储

　　信息无时无刻不在传播，其中许多信息被人们所保存下来，变成了数据。在计算机系统中，数据要保存下来必须存储到特定的介质上。一旦出现意外，这些存储介质也就变成了数据恢复的主战场。在计算机系统中，寄存器、内存和硬盘的三级数据存储体系是计算机内部数据传输的核心。随着互联网的迅速发展，数据传输与存储达到了前所未有的规模，传输速度更为迅速，方式也更加多样化。

第一节　从烽火台到计算机网络

　　自古以来，人类就开始传播信息，从古代的烽火台到现在的计算机网络，信息的传播从来没有停止过，只是传播的方式在技术层次上不断发展。计算机的发展是信息传播方式的重大革命之一。

一、认识信息

　　人们常说："我们生活在一个信息化的社会，我们正在信息高速公路上行进。"那么，什么才是信息呢？广义地说，信息就是消息。一切存在都有信息。对人类而言，人的五官生来就是为了感知各种信息的，它们是信息的接收器，它们所感受到的一切都是信息。当然，还有大量的信息是五官不能直接感受到的，于是人类就通过各种技术手段，通过发明各种仪器来感知和发现它们。

　　今天人类已经进入信息化时代。发掘信息、传播信息极大地改变着人们的生活面貌，推动着人类社会的发展。比如，强台风信息的发现以及提前发布，就给了沿海居民提前准备的时间，避免了重大的损失。在日常口语中，人们一般所说的信息多指信息的交流。信息如果不能有效交流，就没有用处了。信息还可以被存储和使用。我们所读过的书，所听到的音乐，所看到的事物，所想到或者做过的事情，都是信息。

　　信息具有不灭性。但是信息和物质不一样，物质和能量是不灭的，形式可以转化。例如，一杯水，将其冷冻变成冰，虽然构成的分子没有变，但已不是水而是冰了。信息的不灭性是指一条信息产生后，其传播媒介可以变换，但信息本身并没有被改变。

　　信息可以复制，也可以传播。信息的复制不像物质的复制，通过特殊的载体来承载信息，一条信息复制成100万条，信息费用十分低廉。尽管信息的创造可能需要很大的投入，但复制只需载体的成本，所以一旦载体变得容易和廉价，信息就可以廉价地复制、广泛地传播。

某些信息的价值有极为强烈的时效性。某个信息事先得知和事后得知的效果是完全不同的。也就是说，某些信息在某一时刻价值非常高，一旦过了这一时刻，就会一点儿价值也没有了。

二、信息的传播

信息需要传播，信息如果不能传播就失去了其存在的意义。古时候烽火台的点燃表示外族来袭，这么重要的信息，开始也只能用最原始的方式传播。不过人类对信息传播的准确性和及时性的追求从来没有停止过，与光和电一样传播迅速的计算机网络，是人类的最新成果。

那么什么是信息的传播呢？发出信息与接收信息就是信息的传播。我们说话、写文章、做事情，就是发出信息；我们听别人讲话，看别人写的文章，了解别人所从事的工作，就是接收信息。我们之所以有知识，是因为我们生活在一个信息传播的社会。

在人类社会中，信息的传播活动大致经历了四个阶段。

1. 口语传播时代

口语是人类传播发展史上第一座里程碑。口语的出现和运用最初仅仅是一种将声音与周围事物或环境联系起来的符号，在人类认识和改造世界的社会实践中，逐渐提高了它的抽象能力，形成一种能够表达复杂含义的语音符号系统。同时，口语也大大促进了人类思维能力的发展，加速了人类社会进化和发展的进程。直至今日，口语依然是人类最基本、最常用和最灵活的传播手段。

但是，口语传播具有很大的局限性：口语是靠人体的发声功能传递信息的，由于人体能量的限制，口语只能在很近的距离内传递和交流；口语使用的语音符号是一种转瞬即逝的事物，记录性较差，口语信息的保存和积累只能依托人脑的记忆。因此，口语受到空间和时间的巨大限制，尤其是在没有诸如电话等媒介的情况下，它只能适用于较小规模的近距离社会群体或部落内的信息传播。

2. 文字传播时代

文字是人类传播发展史上第二座里程碑，它是在结绳符号、原始图画的基础上发展而来的。

文字克服了声音的转瞬即逝性，能把信息长久保存下来，使人类的知识和经验的积累、存储不再单纯地依赖人脑的有限记忆力；文字能把信息传递到遥远的地方，打破声音的距离限制，扩展人类的交流和社会活动的空间；文字的出现使人类文化的传承不再依赖神话或传说，而是有了确切可靠的资料和文献依据。一句话，文字的产生使人类信息的传播在时间和空间两个领域都发生了重大变革。作为第一套体外符号系统，文字的产生加速了人类利用体外媒介系统的进程，大大推进了各地区经济、政治、文化的交流和融合，在民族的文化形成与发展过程中发挥了巨大的作用。

但是，手抄传播效率低、规模小、成本高。一部书抄写多册，将耗费大量时间和人力，文字信息的生产规模小，加上教育的普及程度低以及成本的限制，使得文字传播基本上还属于政府等少数人的特权。

3. 印刷传播时代

中国的造纸术和印刷术为推动世界文明与人类文明的发展做出了极为重大的贡献。印刷术的发明标志着人类已经熟练掌握了复制文字信息的技术原理，有了对信息进行批量生产的观念。印刷机使文字信息的机械化生产和大量复制成为可能，对社会政治、文化和教育领域带来了巨大影响，大大降低了信息传播的成本，对社会经济的发展也起到了巨大的推动作用。

4. 电子传播时代

电子传播时代是以当今计算机通信网络为核心的信息传播时代。这是一个具有里程碑式的时代。其意义在于：信息传播的载体变得廉价；电子传播时代实现了信息的远距离快速传播，提高了信息传播的效率；从人类社会信息系统的发展角度看，它形成了人类体外化的声音信息系统和体外化的影像信息系统；电子媒介实现了声音和影像信息的大量复制、传播及历史保存，使文化传承的内容更丰富，感觉更直观，依据更可靠。总而言之，它使人类知识经验的积累和文化传承的效率与质量产生了新的飞跃。

计算机和计算机网络的出现意味着人的大脑这一信息处理中枢也开始了体外化的进程，电子信号的传输也实现了由模拟信号向数字信号的转变，电子传播技术的发展使人类进入了全新的、前所未有的信息社会。

第二节　数据和二进制

一、数据的重要性

信息是如此重要，以至于人们对它非常重视，如果失去了物质，我们可以再创造，但是如果信息全部消失了，那么后果将不堪设想，所以人们一直在设法将信息保存下来。我们知道，一切事物及其存在都是信息，保存下来的东西也是信息，只不过是一种描述信息的信息，这种信息就叫作数据。对于人类来说，有些信息没有任何用处，而对于其大多数有用或者将来有用的信息，我们都想对其进行描述和保留，这些有用的信息就是数据。

数据（Data）是对客观事物的符号表示，是用于表示客观事物的未经加工的原始素材，如图形符号、数字、字母等。或者说，数据是通过物理观察得来的事实和概念，是关于现实世界中的地方、事件、其他对象或概念的描述。在计算机科学领域，数据是指所有能输入计算机并被计算机程序处理的符号介质的总称，是用于计算机处理具有一定意义的数字、字母、符号和模拟量等的统称。

数据包含了信息，在读入数据时，也就产生了信息。数据是可以保存在一种物质上的，这种物质对计算机的刺激（也就是计算机去读光盘或者磁盘的时候）产生了信息，而这些信息继而再对人脑产生刺激（计算机以文字、图像或者多媒体等方式将信息显示给人类），最终决定了人类的行为。说到这里，我们可以看出数据对人类发展的重要性，它是整个人类发展的重要决定因素。如果数据被破坏，或者被篡改，就必定会影响人类的发展。比如一个控制核爆炸的程序，一旦被篡改，那么后果将会不堪设想。整个世界，都可以说是信息之间的相互作用，信息影响信息。数据如此重要，所以人们想出一切办法来存储和保护数据，比如把数据放在磁盘上。

二、信息和数据的关系

数据和信息这两个概念既有联系又有区别。数据是信息的符号表示，或称载体；信息是数据的内涵，是数据的语义解释。数据是信息存在的一种形式，只有通过解释或处理才能成为有用的信息。数据可以用不同的形式表示，而信息不会随数据形式的不同而发生改变。例如，某时间的股票行情上涨就是一个信息，但它不会因为这个信息的描述形式是数字、图表或语言等形式而发生改变。

信息与数据是密切关联的。因此，在某些不需要严格区分的场合，也可以把两者不加区别地使用，例如信息处理也可以换种说法说成是数据处理。

三、数据和二进制

在计算机中数据是以二进制方式存储的，所以被称为二进制数据。在使用中为了简便起见，一般将其直接称为数据，而不称为二进制数据。

计算机为什么要用二进制数据来处理各种信息呢？这样做有如下充分的理由。

1. 电路中容易实现

二进制数码只有两个（"0"和"1"）。电路只要能识别低、高就可以表示"0"和"1"。

2. 物理上最易实现存储

（1）基本道理

二进制在物理上最易实现存储，如可以通过磁极的取向、表面的凹凸、光照的有无、电压的高低等来记录。

（2）具体实现

对于只写一次的光盘，将激光束聚集成 1~2pm 的小光束，依靠热的作用熔化盘片表面上的碲合金薄膜，在薄膜上形成小洞（凹坑），记录下"1"，原来的位置表示记录"0"。

3. 便于进行加、减运算和计数编码

对于简单的二进制数据，计算机可以充分发挥其高速运算能力。

4. 便于逻辑判断（是或非）

二进制的两个数码正好与逻辑命题中的"真（True）""假（False）"或"是（Yes）""非（No）"相对应。

表 1-1 所示为不同进制对数字的表示方法，可以看出，二进制的表现形式是最简单的。

表 1-1　不同进制对数据的表示

十进制	二进制	十六进制
0	0000	0
1	0001	1
2	0010	2
3	0011	3
4	0100	4
5	0101	5
6	0110	6
7	0111	7
8	1000	8
9	1001	9
10	1010	A
11	1011	B
12	1100	C
13	1101	D
14	1110	E
15	1111	F

近些年来，随着大数据在社会各个领域的广泛应用，以大数据技术为载体的社会主体驱动已经逐步趋向稳定发展。在此过程中，通过深入分析和研究大数据系统的运行机理，深化大数据管理模式的研究，也是推进大数据深入发展和高质量驱动的前提。立足这个视角，对大数据时代下的数据科学进行深入分析和研究，也具有重要的现实意义。从高维度视角分析，数据科学主要指的是通过强化一系列指导活动数据中的关键信息，在此基础上，深入挖掘数据中的相关信息以及对数据知识基本原则加以认真分析。数据挖掘是与数据科学有着十分密切的词汇，其主要指的是依托数据科学原则来深化数据指导实践，数据挖掘的算法是千奇百怪的，其中的细节更是数不胜数，这些都是数据科学实现蓬勃发展的有效体现。在商业领域，通过广泛应用基本原则，以及科学应用市场营销基本原则，能够最大程度上为顾客创造价值型服务，强化单位的顾客价值。大数据具有重要的战略价值，已成为世界范围内政府、组织、企业以及个人的共识，但大数据固有的稀疏性和低价值密度特性也是对其进行处理和分析所要面对的重要难题。在数据科学领域中，数据挖掘算法是其

重要内容，一个成功的数据科学家务必要从数据角度来对商业问题予以深入分析和研究，数据科学融会贯通了诸多传统学科，数据科学的大多数技术也都是来自统计学知识。在一个特定领域，数据科学对于个体直观性、创造性以及问题解决能力都提出了更为严苛的要求，在数据科学视角下，能够为更多实践者提供解决问题的原则，同样也给数据科学家提供了依托数据获取知识框架的可能性。

数据科学容纳了自主分析数据等原则，一般情况下，提升决策是数据科学的最终目的，这也是业内重点关注的课题。数据驱动决策主要指的是分析数据。

就比如说，一个市场人员可以结合自身的经验来分析和预测行业前沿数据和资料，在此基础上优化企业方案的设置，也可以深化这两种方式结合机制的运用。数据驱动决策不具备排他性，可以有效地完善和补充传统决策手段。相关调查显示，若一个企业能够深化数据驱动决策的应用，则会付出较高的产出比，虽然提升空间幅度并不是很大，但是却能给企业创造更多的资本回报率以及经济效益。从实际视角出发，目前我国更多地关注数据驱动实践领域，在这之前我国也深入地探究和分析了关于老年人早高峰中数据驱动的使用，社会舆论视角多是探究了在早高峰阶段，需要出台一系列制度来禁止老年公交卡的使用，意在为年轻人上班节省更多的时间，为上班族提供便利。但是，通过深入分析和研究北京公交数据可知，大多数老年人并没有选择早高峰 7：30—8：00 之间出行，因此老年人不仅没有对高峰时期公共交通产生不良影响，反而更好地补充了通勤低谷期的公共交通。由此可见，数据驱动有效地体现出提升决策的公平性，其在分析和收集民情、加快公共领域建设以及强化突发应急事件处理等都发挥着积极作用，在政府服务领域内，通过深入地应用数据驱动实践，能够更好地收集和分析民情，强化医疗服务体系建设，从而驱动决策全面性和科学性的进一步提升和优化。

数据处理技术在获取数据信息以及推进数据驱动落实中都发挥着积极作用，同时其在大规模交易、现代化网络技术系统中也发挥着不容忽视的作用，由此可见，并非是所有数据处理都与数据科学有缜密的联系。对于大数据而言，最为直接的认识就是通过强化数据规模建设，来深化大数据传统数据系统处理效果，这也进一步加快了新技术的发展进程。与诸多传统技术相同，大数据技术在数据工程领域中发挥着不容忽视的应用价值，具体应用领域主要包括挖掘数据、处理数据以及其他数据挖掘技术的相关实践。

基于大数据背景下，数据分析思维是数据学科所具有重要的支撑动力。数据分析思维在企业日常组织工作、技术推广工作等领域发挥着极为重要的作用。例如，若企业管理人员具备过硬的分析思维，则可以深入挖掘企业中潜在的数据科学资源，并对其深入分析和了解数据，提炼出具有价值的信息，缺少数据科学资源的企业管理者也可以通过深化数据分析思维，来探寻客户满意的信息和资料。更为广泛地来说，数据分析驱动广泛应用于商业领域中，深入分析数据，能够为企业创造出更多的经济效益和社会效益。通过对数据科学的基本概念深入分析和研究，同时对相应的数据分析框架完善和细化，不仅能够推进企业数据驱动视野进一步拓宽，还能够减少企业的竞争威胁。

第三节　数据存储技术

由于越来越多的信息转变为电子信息，这就使信息存储技术显得更加重要，特别是计算机网络应用的迅速发展大大增加了对信息存储产品的需求量和对信息存储技术的安全性、可靠性的要求。

一、数据存储介质

所谓数据存储介质，就是数据承载的物体。目前数据存储技术可以分成以下四大类。

1. 光存储

光存储是由光盘表面的介质实现的。光盘上有凹凸不平的小坑，光驱中激光头发出的激光照射到上面会有不同的光反射回来，光驱再将这些反射回来的光转换为"0"或者"1"的二进制数。盘外面还有保护膜，肉眼几乎看不出来，不过可以看出来有信息和没有信息的地方（已经刻录的部分和未刻录的部分）。

光盘只是一个统称，它分成两类。一类是只读型光盘，其中包括音频光盘（CD-Audio）、视频光盘（CD-Video）、只读存储光盘（CD-ROM）、音频多用途数字光盘（DVD-Audio）、频多用途数字光盘（DVD-Video）、只读存储多用途数字光盘（DVD-ROM）等。另一类是可记录型光盘，它包括可记录光盘（CD-R）、可重写光盘（CD-RW）、可录多用途数字光盘（DVD-R）、可记录的 DVD 升级版（DVD+R）、可重写光盘（DVD+RW）、随机存储（可重写）多用途数字光盘（DVD-RAM）等各种类型。

随着光学技术、激光技术、微电子技术、材料科学、细微加工技术、计算机与自动控制技术的发展，光存储技术在记录密度、容量、数据传输率、寻址时间等关键技术上有了巨大突破。21 世纪初，光盘存储在功能多样化、操作智能化方面也都有了显著的进步。高密度的蓝光技术的出现，就是典型的案例。蓝光光驱比普通 DVD 的存储量还要大五倍，是目前最好的光存储设备。

2.Flash 存储

当市场上有 4GB 或者 8GB USB（通用串行总线）存储盘这样的便携式存储设备的时候，早已经替代了之前的 1.44MB 的软驱软盘。这些设备大部分是以半导体芯片为存储介质的。采用半导体存储介质，可以把体积变得很小，方便携带；与硬盘之类的存储设备不同，它没有机械结构，所以也不怕碰撞；没有机械噪声；与其他存储设备相比，耗电能很小；读 / 写速度也非常快；容量还在不断增加中。

Flash 存储可以简单地理解成采用半导体芯片作为存储介质的技术的总称，一般叫作闪存（Flash Memory）技术，从字面上可理解为闪速存储器。手机内的 TF 卡、数码相机用的 Flash 卡、U 盘等都属于这类产品。目前市场上的半导体存储卡种类繁多，下面介绍几种常见的半导体存储卡。

（1）CF 卡

CF（Compact Flash）卡是早期数码相机上应用最广泛的闪存卡，它的最大优势就是价格便宜，缺点是体积较大，质量较大，同时存储的速度比较慢。

（2）MMC 卡

MMC（Multi Media Card）卡是由西门子公司和首推 CF 卡的 SanDisk 公司于 2000 年推出的。MMC 的接口设计非常简单，只有 7 针引脚，MMC 的操作电压为 2.7~3.6V，读 /写电流只有 23mA/27mA，功耗很低。其最小的数据传送是以块为单位的，默认块大小为512B。它的架构较为简单，由于封装技术先进，因此具有不错的兼容性，加上体积小、抗冲击性强，可循环往复地擦写记录 30 万次。其价格便宜，适用面广，功能消耗小。MMC卡的特点：技术成熟、应用广泛、价格较低。虽然面临淘汰，但由于 MMC 卡仍可被兼容SD 卡的设备所读取，因此 MMC 卡仍在使用。

（3）RS-MMC 卡

RS-MMC（Reduced Size Multi Media Card）卡是普通 MMC 卡的缩微版，仅在长度方面有所裁减，而在接口方面则与普通 MMC 卡一致，通过适配器可转换为普通的 MMC 卡使用。RS-MMC 卡的外形尺寸仅为普通 MMC 卡的一半，质量只有 1 克，然而却继承和沿袭了 MMC 卡所有的优势和性能特征。作为存储卡技术的延伸，它将海量存储及小巧的外形尺寸融为一体，基本解决了困扰手机开发者存储卡所占空间的问题。由于它的出现，未来的手机外形设计有可能趋于小巧。RS-MMC 卡的价格比 MMC 卡要高一些。

（4）SD 卡

SD 卡是 Secure Digital Memory Card 的简称，直译成汉语就是"安全数码卡"，是由日本松下公司、东芝公司和美国 SanDisk 公司共同开发研制的存储卡产品。SD 卡是在MMC 卡的基础上发展延伸而来的，它的长度和宽度与 MMC 卡完全相同，比 MMC 卡略厚一些，尺寸为 32mm×24mm×2.1mm，可容纳更大容量的存贮单元。SD 卡与 MMC 卡保持着"向上兼容"的特点，即 MMC 卡可以在内置 SD 扩展卡槽的手机中使用，但 SD卡却不能用在仅支持 MMC 卡的手机中。从外观上看，SD 卡接口数量由 MMC 卡的 7 个针脚增加到了 9 个，将 MMC 卡的串行传输方式改为并行传输方式，从而大大提高了 SD卡的传输速度。SD 卡身上的物理写保护配合数字内容版权的保护功能，有效保证了用户数据的安全，因此 SD 卡号称是版权保护方面安全级别最高的存储卡，同时它在读 / 写速度上也高于 MMC 卡。SD 卡最大的特点就是通过加密功能，可以保证数据资料的安全。总的来说，SD 卡的安全性强、速度高于 MMC 卡、价格适中，已逐渐成为数码相机等主流的存储设备。

（5）Mini SD 卡

顾名思义，Mini SD 卡在尺寸上相对于标准 SD 卡有了变化，体积更小，可以通过适配器转接成为标准的 SD 卡。

（6）TF 卡

TF（Trans Flash Card）卡 2004 年更名为 Micro SD Card。TF 卡外观轻薄小巧，只有一元硬币的一半大小，体积约为 11mm×15mm×1mm，据该公司称是目前市面上体积最小的手机存储卡。TF 卡兼具嵌入式快闪存储卡体积小、节省空间的优点，又具备可移除式闪存卡的灵活特性，丝毫不影响手机外形与体积，并附带 SD 转接器，兼容任何 SD 读卡器。TF 卡是目前体积最小的存储卡。

（7）记忆棒

MS(Memory Stick)是直译为"记忆棒"的存储卡。MS 是索尼专用的一种高速存储介质，分为短棒（Memory Stick Duo）和长棒（Memory Stick）。不过随着索尼公司的逐渐衰落，现在几乎没有人用了，读者知道历史上曾经有这个产品即可。

目前全球生产记忆棒的厂家只有三家：索尼（SONY）、闪迪（SanDisk）、雷克沙（LEXAR）。

记忆棒的特点：速度快，性能高，读/写能力强，价格适中，只适用于索尼、爱立信全部系列产品。

（8）XD 卡

XD 卡（XDPicture Card）属于目前小巧的存储卡，同时具有很大的容量，主要是适应数码相机小型化的需求。

除了上述存储卡之外，以 Flash 技术为核心的电子固态硬盘（SSD）也在不断发展中，凭借其高可靠性和高速度，目前主要应用于一些特殊服务器中。相信随着价格的降低，SSD 会应用在更多的领域。

3. 硬盘

硬盘（Harddisk，HD）是一种存储量巨大的设备。IBM 于 1956 年制造出世界上第一块硬盘 350 RAMAC，一问世就被广泛用于计算机设备上。硬盘按照盘体直径的不同分为 3.5 英寸（1 英 =2.54cm）、2.5 英寸、1.8 英寸、1 英寸等几种，曾经有过 0.8 英寸硬盘的研究报告，近年来世界硬盘四巨头公司之一的日立公司提出了 1.3 英寸微型硬盘的概念。

4. 磁带

磁带存储可以说是最古老的存储方式之一，从 1952 年第一台 0.5 英寸磁带机在 IBM 公司问世以来，它已经走过了 70 余年的历史，积累了大量的使用经验和可靠数据。磁带存储是一种安全、可靠、易用、效率高的数据备份方法。因为磁带可以从驱动器上直接取出，因此可以实现非现场方式的保存或存放过去版本的数据。

磁带存储系统大都易于操作，甚至可以进行无人值守的数据备份和磁带管理。磁带的速度虽然比硬盘和光盘慢，但它也能在相对较短的时间内（如一个晚上）备份需要的数据。由于磁带的可靠性很高（实践证明，一盘磁带上的数据可以保存30年以上），而且容量大（目前最新的磁带存储技术可以让一卷磁带的容量达到185TB），所以它是当之无愧的大容量数据备份的首选存储介质。磁带存储目前仅应用于存储备份企业大量的数据，不过由于其低成本、高稳定性等优点，磁带存储除了离线为归档策略中的核心一部分外，正越来越多地被很多中小企业所看好，用来满足其日益增长的数据存储与安全需求。

二、存储技术展望

信息时代，信息的爆炸性增长，使得存储技术的应用、集成成为目前全球发展最快的工业技术之一。存储技术产业已经成为IT（信息技术）业内的第三大产业，即使IT业增长放缓，它始终保持着稳步增长的势头。面对一个蕴含着如此巨大商机与发展潜力的存储技术市场，存储技术的发展将何去何从呢？总体看来，未来的数据存储技术有以下几个发展方向。

1. 存储容量的快速增长

硬盘的容量每年都有明显增长，但一直有观点认为硬盘的存储密度已经越来越接近其物理极限，很难再有新的突破。一种称为AFC（反铁磁耦合）的存储技术，可将硬盘密度成倍增长，将硬盘容量达到物理极限的时间再次推后。

AFC技术由IBM提出，是数据存储技术的一次创新。AFC技术可以使每平方英寸的面积存储100GB的数据，此种技术能使数据的存储密度提高到目前的四倍——这在以前被业界认为是不可能达到的。

2. 存取速度的快速增加

刻录机、闪存、硬盘等的存取速度每年都有质的变化。目前，移动存储在存储市场上异军突起。相比较而言，移动存储的平均搜索时间为12ms。

现在的移动存储多带缓存，以保证数据存储快捷而且稳定。同时因为USB 2.0/3.0等高速接口的支持，对于移动存储而言，复制一个1GB左右的文件，只需几分钟。应该说，数据存储速度的提升正在提高我们的工作效率。

3. 存储价格的降低

存储技术领域也有摩尔定律，即容量增加，但是价格下降。刻录机、闪存、硬盘等存储设备在持续降价，技术的发展为数据存储提供了广阔的空间和施展的舞台。以硬盘为例，现在TB（太字节Terabyte）级别的硬盘，价格也在千元以内。

4. 存储介质和类型的多元化

刻录机、闪存等多种存储设备极大地丰富和改善了我们对于存储介质的使用范畴。数年以前，我们还在为存取和带走一个几十兆的文件发愁。现在，有闪存、移动硬盘、光盘等多种形式可以供我们自由使用。

5. 存取管理手段的多元化和便捷化

对数据存储、管理、移动、备份的工具越来越多，方式也更加灵活便捷。例如现在使用的移动存储设备轻巧便携，通常提供 80GB、160GB、320GB、500GB 不等的容量，同时具有极高的存取速度，无损耗，高速度的数据流占用 CPU（中央存储器）、系统资源少。大多数移动存储设备厂商都考虑到移动的目的，不但外观精美小巧，有多种色彩可供选择，更重要的是重量轻，这样无论在何时何地进行数据共享都轻松运用自如。

6. 数据存储更加安全可靠

多样化的数据存储方式为多种备份选择提供了方便快捷和安全的手段。例如，现在使用的移动存储设备，很多产品在安全性方面达到了相当高的水准。而且，正在普及的 SSD 固态硬盘，因为其没有机械结构，抗震动能力大大提高，性能和安全性也极大地提高。

第四节　计算机存储体系

计算机的应用是以处理和存储数据为核心的。在计算机中，无论何种应用都是围绕着数据处理和存储进行的。下面详细介绍一下计算机存储系统的体系结构。

一、认识存储器

存储器（Memory）是计算机系统中的记忆设备，用来存放程序和数据。计算机中的全部信息，包括输入的原始数据、计算机程序、中间运行结果和最终运行结果都保存在存储器中。

1. 存储器的分类

存储器按照不同的标准有以下分类。

按存储器介质的不同，目前使用的存储器介质主要有半导体器件、磁性材料和光学材料。

（1）半导体存储器，从制造工艺可分为双极型和 MOS 型。

（2）磁表面存储器，如磁盘存储器和磁带存储器。

（3）光表面存储器，如光盘存储器。

按读 / 写功能的不同，存储器可分为只读内存镜像存储器（ROM）和随机存取存储器（RAM）。按在计算机中的作用不同可分为主存储器（内存）、辅助存储器（外存）和高速缓冲存储器（Cache）。目前，高速缓冲存储器主要由高速静态随机访问存储器（SRAM）组成。

2. 存储器的性能指标

存储容量可按照一个公式计算：存储容量 = 存储单元数 × 每单元二进制位数。

存储器的存取速度取决于存储介质的两种物理状态变换速度，它可以用存取时间和存取周期来衡量。

存储器的价格常用每位的价格来衡量，如果存储器容量为 S，总价格为 C，则每位 =S/C。

存储器的可靠性用平均无故障时间来衡量。

存储器的功耗指每个存储单元所消耗的功率，单位为 μW/ 单元；也可用每块芯片总功率来表示功率，单位为 mW/ 芯片。

3. 存储系统的层次结构

如今，存储系统采用的三级层次结构主要由高速缓冲存储器、主存储器和辅助存储器组成。在程序执行过程中，不断把位于辅助存储器中即将处理的信息调入主存储器，处理完毕的信息不断调出主存储器，这个工作由计算机自动完成。

二、半导体存储器

半导体存储器按存取方式可分为两类：RAM 和 ROM；RAM 按采用器件可分为双极型存储器和 MOS 型存储器；MOS 型存储器按存储原理又可分为静态存储器（SRAM）和动态存储器（DRAM）；ROM 按存储原理可分为掩膜 ROM、编程 PROM、光可擦除 EPROM、电可擦除 EEPROM 和闪速存储器等。

三、新型存储器技术

为了解决 CPU 与主存（主存储器，即内存）之间的速度匹配和存储容量问题，采用了许多新型的存储器技术来弥补两者在速度和容量方面存在的差距，其中常用的有多体交叉存储器、高速缓冲存储器（Cache）、虚拟存储器技术等。

1. 多体交叉存储器

多体交叉存储器（MOS）的设计思想是在物理上将主存分成多个模块，每一个模块都包括一个存储体、地址缓冲寄存器和数据缓冲存储器等，即它们都是一个完整的存储器。因此，CPU 就能同时访问各个存储模块，任何时候都允许对多个模块并行地进行读 / 写操作，从而提高整个存储系统的平均访问速度。目前绝大多数主存都采用 MOS 存储器。

2. 高速缓冲存储器（Cache）

Cache 的工作原理是基于程序访问的局部性原理。CPU 对存储器进行数据请求时，通常先访问 Cache，如果数据在 Cache 中，则 CPU 对 Cache 进行读 / 写操作，称为"命中"。

当要访问的字在 Cache 中时，若是读操作，则 CPU 可直接从 Cache 中读取数据，不涉及主存；若是写操作，则需要改变 Cache 和主存中相应两个单元的内容。这时有两种处理办法：一种是 Cache 单元和主存中相应单元同时被修改，称为"直通存储法"；另一种方法是只修改 Cache 单元的内容，同时用一个标志位作为标志，当有标志位的信息块从 Cache 中移去时再修改相应的主存单元，把修改信息一次写回主存，称为"写回发"。

主存和 Cache 的存储区均划分成块（Block），每块由多个信息字组成，两者之间以块为单位交换信息。Cache 中应能容纳多个信息块。信息块调往 Cache 时的存放地址与它在主存时的内存不可能存在一致，两种地址之间有一定的对应关系，这种对应关系被人们通常称为地址映像函数。

3. 虚拟存储器

虚拟存储器（Virtual Memory）是以存储器访问的局部性为基础，建立在主存—辅存物理体系结构上的存储管理技术。由主存和辅存构成的两级存储层次就是虚拟存储器的基本结构，还必须由辅助软硬件来对主存和辅存之间的数据交换实现控制功能。

虚拟存储器指的是为了扩大容量，把辅存当作主存使用，它将主存和辅存的地址空间统一编址，形成一个庞大的存储空间。程序运行时，用户可以访问辅存中的信息，可以使用与访问主存同样的寻址方式，所需要的程序和数据由辅助软件和硬件自动调入主存，这个扩大了的存储空间就被称为虚拟存储器。之所以被称为虚拟存储器，是因为这样的主存并不是真实存在的。

在一个虚拟存储系统中，展现在 CPU 面前的存储器容量并不是实存容量加上辅存容量，而是一个比实存大得多的虚拟空间，它与实存和辅助空间的容量无关，取决于机器所能提供的虚存地址码的长度。

第五节　寄存器、内存和硬盘的三级存储体系

寄存器、内存和硬盘构成了计算机内的三级数据存储体系，这三级数据存储体系相辅相成，构成了一个整体。

一、寄存器

寄存器是 CPU 内部用来存放数据的一些小型存储区域，用来暂时存放参与运算的数据和运算结果。

寄存器是中央处理器内的组成部分，寄存器是有限存储容量的高速存储部件，其读取速度快于内存，当 CPU 需要读取数据时，首先是从寄存器中读取。由于寄存器的读取速度比较快，存储在寄存器中的数据可以立刻被 CPU 读取，以满足 CPU 高速运算的需求。

在中央处理器控制部件中，包含了的寄存器有指令寄存器（IR）和程序计数器（PC）。在中央处理器的算术及逻辑部件中，包含了的寄存器有累加器（ACC）。

二、内存

内存是计算机中的主要部件，它是相对于外存而言的。我们平常使用的程序，如 Windows 操作系统、打字软件、游戏软件等，一般都是安装在硬盘等外存上的，但仅此是不能使用其功能的，必须把它们调入内存中运行，才能真正使用其功能。我们平时输入一段文字，或玩一个游戏，其实都是在内存中进行的。通常我们把要永久保存的、大量的数据存储在外存上，而把一些临时的或少量的数据和程序放在内存上，当然内存的好坏会直接影响计算机的运行速度。

内存是存储程序以及数据的地方，比如当我们在使用 Word 处理文稿时，在键盘上输入字符时，它就被存入内存中，当你选择存盘时，内存中的数据才会被存入硬（磁）盘，在进一步理解它之前，还应认识一下它的物理概念。

内存有一个特点是断电后数据不能保存下来。也就说计算机在使用时如果有数据被读入内存，在计算机关闭或断电后内存中的数据就会随着消失，不会被保存下来。例如我们常见的正在编辑 Word 文档在没有保存的情况下突然断电导致文档丢失的情况就是这个原因。因为 Word 文档在编辑过程中数据是存储在内存中的，而在断电前我们没有将文档保存到硬盘上，断电后内存中的数据就会消失，所以在重新开机后就找不到原来正在编辑的文档了。但是如果我们在断电前将文档保存到了硬盘上，那么断电后还可以从硬盘上的保存位置找到存储的文档。

三、硬盘

硬盘（Hard Disk Drive，HDD）是计算机主要的存储媒介，由一个或者多个铝制或者玻璃制的碟片组成。这些碟片外覆盖有铁磁性材料。绝大多数硬盘都是固定硬盘，被永久性密封固定在硬盘驱动器中。

硬盘在计算机存储系统中扮演辅助存储器（外存）的角色。

四、寄存器、内存和硬盘的三级存储体系详述

高速缓冲存储器（寄存器）、主存储器（内存）、辅助存储器（硬盘）构成的三级存储系统可以分为两个层次：其中"Cache-主存"存储层次是为了解决主存速度不足；"主存-辅存"层次是为了解决主存容量和辅存速度的不足。

先来看一下为什么"Cache-主存"存储层次是为了解决主存速度不足。

Cache 是位于 CPU 与内存之间的临时存储器，它的容量比内存小，但交换速度快。缓存中的数据是从内存中读取的一小部分数据，但是这一小部分数据是短时间内 CPU 即将访问的，当 CPU 调用大量数据时，就可避开内存直接从缓存中调用，从而加快读取速度。

再来看一下为什么"主存 - 辅存"层次是为了解决主存容量不足。

内存的读取速度要比硬盘快得多，但是同样容量的硬盘价格却比同样容量的内存便宜很多。由于价格和一些其他原因，导致现在内存容量要比硬盘小得多。现在的计算机程序动辄成千上万兆的体积，全部存放在内存中是不可能的（一方面内存容纳不了，另一方面当内存断电时其中的数据会丢失，而硬盘不会），所以选择使用大容量并且价格相对便宜的硬盘作为辅助存储器，可解决主存容量不足的问题。

另外，速度问题也是"主存—辅存"层次要解决的问题，因为硬盘的速度相对于 CPU和内存都慢得多，如果 CPU 直接从硬盘中读取数据的话，速度是不堪设想的，此时硬盘速度就会严重影响整个系统的速度，成为系统的"瓶颈"，而内存的出现就是为了解决这一"瓶颈"问题。当 CPU 需要调用硬盘中的数据时，首先是将硬盘中的数据读入速度相对快得多的内存，再由内存将需要立即读取的数据传入速度更快的寄存器，然后 CPU 从这个高速缓冲存储器中以最快的速度读取相关数据，这样就形成了寄存器、内存和硬盘的三级存储体系。这个三级存储体系有效解决了系统中数据传输问题，形成了一个循环传输的通道，同时也成了目前计算机通用的存储体系。

第六节　并行传输和串行传输

依据传输线数目的多少，可以将数据传输方式分为并行传输和串行传输。通常情况下，并行传输用于短距离、高速率的通信，串行传输用于长距离、低速率的通信。

一、认识并行传输和串行传输

并行传输和串行传输是两种基本的数据传输方式。计算机和外部设备之间的并行传输一般通过计算机的并行端口（LPT），串行传输通过串行端口（COM）。普通微机支持 4个以上的 COM 端口和 3 个以上的 LPT 端口，但一般都是只有 2 个 COM 端口和 1 个 LPT端口有效，每个端口使用不同的中断号和端口地址，且不能同其他设备冲突。通过打开"控制面板"，依次选择"系统"→"设备管理器"→"端口"，可以查看有效的传输端口以及所使用的资源。

通过该对话框可以设置 COM 端口的波特率、数据位的长度、奇偶校验类型、停止位以及流量控制协议，流量控制是当指定缓冲区已满，无法从远程计算机接收更多数据时，应该采取的动作。流量控制有 3 个可选值：硬件、XON / XOFF 和无。传输双方的计算机必须使用同样的参数设置。

1. 并行传输

并行传输是指在传输中有多个数据位同时在设备之间进行的传输。一个编了码的字符通常由若干位二进制数表示，如 ASCII 编码的符号是由 8 位二进制数表示的，则并行传输 ASCII 编码符号就需要 8 个传输信道，使表示一个符号的所有数据位能同时沿着各自的信道并排传输。

发送设备将这些数据位通过对应的数据线传送给接收设备，还可附加一位数据校验位。接收设备可同时接收这些数据，不需要做任何变换就可直接使用。并行方式主要用于近距离通信，最典型的例子是计算机和并行打印机之间的通信。这种方法的优点是传输速度快，处理简单。

2. 串行传输

串行传输是指数据在传输中只有一个数据位在设备之间进行的传输。对任何一个由若干位二进制数表示的字符，串行传输都是用一个传输信道，按位有序地对字符进行传输。串行传输的速度比并行传输的速度要慢得多，但所需费用低。并行传输适用短距离传输，而串行传输则适用于远距离传输。

串行数据传输时，数据是一位一位地在通信线上传输的，先由具有几位总线的计算机内的发送设备将几位并行数据经并、串转换硬件转换成串行方式，再逐位经过通信线路到达接收站的设备中，并在接收端将数据从串行方式重新转换成并行方式，以供接收方使用。

串行数据线有 3 种不同配置：单工通信、半双工通信、全双工通信。

（1）单工通信

数据永远从发送端 A 传送到接收端。单工通信的线路一般采用两个信道，一个传送数据，一个传送控制信号，简称为"二线制"。例如，在家中收看电视节目，观众无法向电视台传送数据，只能由电视台单方向观众传送画面数据。

（2）半双工通信

数据信息可以双向传送，但是在每一时刻只能朝一个方向流动，该方式要求 A、B 端都有发送装置和接收装置。若是想要改变信息的传输方向，需要利用开关进行切换。如无线对讲机，甲方讲话时，乙方无法讲，需要等甲方讲完，乙方才能讲。

（3）全双工通信

能同时在两个方向进行数据传输，即有两个通道，它相当于将两个方向相反的单工通信方式组合起来。一般采用四线制。例如，日常生活中使用的电话，双方可以同时讲话。全双工通信效率高，控制简单，但造价高，适用计算机之间的通信。

在串行通信中，通信双方收发数据序列必须在时间上取得一致，这样才能保证接收的数据与发送的数据一致，这就是通信中的同步。

3. 同步传输

同步传输就是使接收端接收的每一位数据信息都要和发送端准确地保持同步，中间没有间断时间。实现这种同步的方法又有自同步法和外同步法。

自同步法从数据信息波形本身提取同步信号，例如曼彻斯特码和差分曼彻斯特码的每个码元中间均有跃变，利用这些跃变作为同步信号。外同步法则是在发送端发送数据信息以前，向接收端先发出一个或多个同步字符，接收端按照这个同步字符来调整其内部时序，并把接收时序重复频率锁定在同步频率上，以便也能够用同步频率接收数据，然后向发送端发送准备接收数据的确认信息，发送端收到确认信息后开始发送数据。

4. 异步传输

在异步传输中，发送端在发送字符时，在每个字符前设置 1 位起始位，在每个字符之后设置 1 位、1.5 位或 2 位停止位。起始位为低电平，停止位为高电平。每个字符一般为 4~8 位，一般 5 位字符的停止位是 1.5 位，8 位字符的停止位是 2 位。在 8 个字符中可以包含 1 位校验位，可以是奇校验，也可以是偶校验，还可以是无校验位。在发送端不发送数据时，传输线处于高电平状态，当接收端检测到低电平（起始位）时，表示发送端开始发送数据，于是便开始接收数据，在接收了一个字符的数据位后，传输线将处于高电平状态。

在异步传输中，任何两个字符之间时间是可以随机的、不同步的，但在一个字符时间之内，收发双方各数据位必须同步。这种传输方式又称为起止式同步方式。

二、并行传输和串行传输的比较

从技术发展情况来看，串行传输方式大有彻底取代并行传输方式的势头，USB 取代 IEEE1284，SATA 取代 PATA，PCI Express 取代……从原理来看，并行传输方式其实优于串行传输方式。通俗易懂地讲，并行传输的通路犹如一条多车道的宽阔大道，而串行传输则是仅能允许一辆汽车通过的乡间公路。以古老而又典型的标准并行口（Standard Parallel Port）和串行口（俗称 COM 口）为例，并行接口有 8 根数据线，数据传输率高；而串行接口只有 1 根数据线，数据传输速度低。在串行口传送 1 位的时间内，并行口可以传送一个字节。当并行口完成单词 "advanced" 的传送任务时，串行口中仅传送了这个单词的首个英文字母 "a"。

那么，为何现在的串行传输方式会更胜一筹？下面将从并行、串行的变革以及技术特点，分析隐藏在表象背后的深层原因。

1. 并行传输技术遭遇发展困境

计算机中的总线和接口是主机与外部设备间传送数据的"大动脉"，随着处理器速度的节节攀升，总线和接口的数据传输速度也需要逐步提高，否则就会成为计算机发展的瓶颈。

我们先来看看总线的情况。1981 年第一台 PC 中以 ISA 总线为标志的开放式体系结构，数据总线为 8 位，工作频率为 8.33MHz，这在当时却已算是"先进技术（Advanced Technology）"，所以 ISA 总线还有另一个名字"AT 总线"；到了 286 系统时，ISA 的位宽提高到了 16 位，为了保持与 8 位的 ISA 兼容，工作频率仍为 8.33MHz，这种技术一直沿用到 386 系统中。

到了 486 系统时代，同时出现了 PCI 和 VESA 两种更快的总线标准，它们具有相同的位宽（32 位），但 PCI 总线能够与处理器异步运行，当处理器的频率增加时，PCI 总线频率仍然能够保持不变，可以选择 25MHz、30MHz 和 33MHz 三种频率。而 VESA 总线与处理器同步工作，因而随着处理器频率的提高，VESA 总线类型的外围设备工作频率也要随着提高，而 VESA 总线适应能力较差，因此很快失去了竞争力。PCI 总线标准成为 Pentium 时代 PC 总线的王者，硬盘控制器、声卡、网卡和显卡全部使用 PCI 插槽。

并行数据传输技术向来是提高数据传输率的重要手段，但是其进一步发展却遇到了障碍。首先，由于并行传送方式的前提是用同一时序传播信号，用同一时序接收信号，而过分提升时钟频率将难以让数据传送的时序与时钟合拍，布线长度稍有差异，数据就会以与时钟不同的时序送达。另外，提升时钟频率还容易引起信号线间的相互干扰。因此，并行方式难以实现高速化。此外，增加位宽无疑会导致主板和扩充板上的布线数目随之增加，成本随之攀升。

在外部接口方面，我们知道 IEEE 1284 并行口的速率可达 300KB/s，传输图形数据时采用压缩技术可以提高到 2MB/s，而 RS-232C 标准串行口的数据传输率通常只有 20KB/s，并行口的数据传输率无疑要胜出一筹。因此，并行口一直是打印机首选的连接方式。对于仅传输文本的针式打印机来说，IEEE 1284 并行口的传输速度可以说是轻轻松松的。但是，对于近年来一再提速的打印机来说，情况发生了变化。笔者使用爱普生 6200L（同时具备并行口和 USB 接口）在打印 2MB 大小的图片时，并行口和 USB 接口的速度差异并不显著，但是在打印 7.5MB 大小的图片文件时，从单击"打印"按钮到最终出纸，使用 USB 接口用了 18s，而使用并行口时就用了 33s，从这一测试结果可以看出，现行的并行口对于时下的应用需求而言，确实出现了瓶颈。

2.USB 给了串行传输新的生命

回顾前面所介绍的并行接口与串行接口，我们知道 IEEE 1284 并行口的速率可达 300KB/s，而 RS-232C 标准串行口的数据传输速率通常只有 20KB/s，并行口的数据传输速率无疑要胜出一筹。外部接口为了获得更高的通信质量，也必须寻找 RS-232C 的替代者。

1995 年，由 Compaq、Intel、Microsoft 和 NEC 等几家公司推出的 USB 接口首次出现在 PC 上，1998 年起即进入大规模实用阶段。USB 比 RS-232C 的速度提高了 100 倍以上，突破了串行口通信的速度瓶颈，而且具有很好的兼容性和易用性。USB 设备通信速率的自适应性，使得它可以根据主板的设定自动选择 HS（High-Speed，高速，480Mbit/s）、FS（Full-Speed，全速，12Mbit/s）和 LS（Low-Speed，低速，1.5Mbit/s）三种模式中的一种。USB 总线还具有自动的设备检测能力，设备插入之后，操作系统软件会自动地检测、安装和配置该设备，免除了增减设备时必须关闭 PC 的麻烦。

USB 接口之所以能够获得很高的数据传输速率，主要是因为其摒弃了常规的单端信号传输方式，转而采用差分信号（Differential Signal）传输技术，有效克服了因天线效应对信号传输线路形成的干扰，以及传输线路之间的串扰。USB 接口中两根数据线采用相互缠绕的方式，形成了双绞线结构。

在单端信号传输方式下，线路受到电磁辐射干扰而产生共模电流时，磁场被叠加变成较高的线路阻抗，这样虽然降低了干扰，但有效信号也衰减了，而在差动传输模式下，共模干扰被磁芯抵消，但不会产生额外的线路阻抗。换句话来说，差动传输方式下使用共模扼流线圈，既能达到抗干扰的目的，又不会影响信号传输。

在差分信号传输体系中，传输线路无须屏蔽即可取得很好的抗干扰性能，降低了连接成本。不过，由于 USB 接口 3.3V 的信号电平相对较低，最大通信距离只有 5m，USB 规范还限制物理层的层数不超过 7 层，这就意味着用户最多可以使用 5 个连接器，将一个 USB 设备置于距离主机最远为 30m 的位置。

为解决长距离传输问题，扩展 USB 的应用范围，一些厂商在 USB 规范上添加了新的功能，例如 Powered USB（供电 USB）和 Extreme USB，前者加大了 USB 的供电能力，后者延长了 USB 的传输距离。

3. 差分信号技术

计算机发展史就是追求更快速度的历史。随着总线频率的提高，所有信号传输都遇到了相同类型的问题：线路间的电磁干扰越厉害，数据传输失败的发生概率就越高，传统的单端信号传输技术无法适应高速总线的需要，于是差分信号技术就开始在各种高速总线中得到应用。我们已经从中知道，USB 实现高速信号传输的秘诀就在于采用了差分信号传输方式。

差分信号技术是 20 世纪 90 年代出现的一种数据传输和接口技术，与传统的单端传输方式相比，它具有低功耗、低误码率、低串扰和低辐射等特点，其传输介质可以是铜质的 PCB 连线，也可以是平衡电缆，最高传输速率可达 1.923Gbit/s。Intel 倡导的第三代 I/O 技术（3GIO），其物理层的核心技术就是差分信号技术。那么，差分信号技术究竟是怎么回事呢？

众所周知，在传统的单端（Single-ended）通信中，一条线路来传输一个比特位。高电平表示为"1"，低电平表示为"0"。倘若是在数据传输过程中受到干扰，高低电平信号完全有可能会因此产生突破临界值的大幅度扰动，一旦高电平或低电平信号超出临界值，信号就会出错。

在差分电路中，输出电平为正电压时表示逻辑"1"，输出负电压时表示逻辑"0"，而输出"0"电压是没有意义的，它既不代表"1"，也不代表"0"。干扰信号会同时进入相邻的两条信号线中，当两个相同的干扰信号分别进入接收端的差分放大器的两个反相输入端后，输出电压为 0。所以说，差分信号技术对干扰信号具有很强的免疫力。

正因如此，实际电路中只要使用低压差分信号（Low Voltage Differential Signal，LVDS），350mV 左右的振幅便能满足近距离传输的要求。假定负载电阻为 100Ω，采用 LVDS 方式传输数据时，如果双绞线长度为 10m，传输速率可达 400Mbit/s；当电缆长度增加到 20m 时，传输速率降为 100Mbit/s；而当电缆长度为 100m 时，传输速率只能达到 10Mbit/s 左右。

在近距离数据传输中，LVDS 不仅可以获得很高的传输性能，同时还是一个低成本的方案。LVDS 器件可采用经济的 CMOS 工艺制造，并且采用低成本的三类电缆线及连接件即可达到很高的速率，同时，由于 LVDS 可以采用较低的信号电压，并且驱动器采用恒流源模式，其功率几乎不会随频率而变化，从而使提高数据传输率和降低功耗成为可能。因此，LVDS 技术在 USB、SATA、PCI Express 以及 Hyper Transport 中得以应用，而 LCD 中控制电路向液晶屏传送像素亮度控制信号也采用了 LVDS 方式。

4. 新串行时代已经到来

差分传输技术不仅突破了速度瓶颈，而且使用小型连接可以节约空间。近些年来，除了 USB 和 Fire Wire，还不断涌现出很多以差分信号传输为特点的串行连接标准，几乎覆盖了主板总线和外部 I/O 端口，呈现出从并行整体转移到新串行时代的大趋势。

5.LVDS 技术，突破芯片组传输瓶颈

随着计算机速度的提高，CPU 与北桥芯片之间、北桥与南桥之间以及与芯片组相连的各种设备总线的通信速度影响到计算机的整体性能。这样一来，一直采用的 FR4 印制电路板因存在集肤效应和介质损耗导致的码间干扰，限制了传输速率的提升。

在传统并行同步数字信号的速率将要达到极限的情况下，设计师转向从高速串行信号寻找出路，因为串行总线技术不仅可以获得更高的性能，而且还可以最大限度地减少芯片引脚数，简化和优化电路板布线，降低制造成本。Intel 的 PCI Express、AMD 的 Hyper Tansport 以及 RAMBUS 公司的 Redwood 等 I/O 总线标准十分默契地将低压差分信号（LVDS）作为新一代高速信号电平标准。

一个典型的 PCI Express 通道，通信双方由两个差分信号对构成双工信道，一对用于发送，一对用于接收。四条物理线路构成 PCI Express×1，PCI Express 标准中定义了 ×1、×2、×4 和 ×16。PCI Express ×16 拥有最多的物理线路（16×4-64）。

即便采用最低配置的 ×1 体系，因为可以在两个方向上同时以 2.5GHz 的频率传送数据，带宽达到 5Gbit/s，也已经超过了传统 PCI 总线 1.056Gbit/s（32bit×33MHz）的带宽。况且，PCI 总线是通过桥路实现的共享总线方式，而 PCI Express 采用的"端对端连接"，也让每个设备可以独享总线带宽，因此可以获得比 PCI 更好的性能。

6.SATA，为硬盘插上翅膀

在 ATA33 之前，一直使用 40 根平行数据线，由于数据线之间存在串扰，限制了信号

频率的提升。因此从 ATA66 开始，ATA 数据线在两根线之间增加了一根接地线，正是为了减少相互干扰。增加地线后，数据线与地线之间仍然存在分布电容 C2，还是无法彻底解决干扰问题，使得 PATA 接口的最高工作频率停留在 133MHz 上。除了信号干扰这一根本原因之外，PATA 还存在不支持热插拔和容错性差等问题。

SATA 是 Intel 公司在 IDF2000 上推出的，此后 Intel 联合 APT、Dell、IBM、Seagate 以及 Maxtor 等业界巨头公司，于 2001 年正式推出了 SATA 1.0 规范，而在春季 IDF2002 上，SATA2.0 规范也已经公布。

SATA 接口包括 4 根数据线和 3 根地线，共有 7 条物理连线。目前的 SATA 1.0 标准，数据传输率为 150MB/s，比 ATA133 接口 133MB/s 的速度略有提高，SATA 2.0/3.0 可提升到 300MB/s 以至 600MB/s。从目前硬盘速度的增长形势来看，SATA 标准可以满足未来数年的要求。

7.FireWire，图像传输如虎添翼

FireWire（火线）接口是 1986 年由苹果电脑公司起草的，1995 年被美国电气和电子工程师学会（IEEE）作为 IEEE 1394 推出，是 USB 之外的另一个高速串行通信标准。FireWire 最早的应用目标是为摄录设备传送数字图像信号，目前应用领域已遍布到 DV、DC、DVD、硬盘录像机、电视机顶盒以及家庭游戏机等。

FireWire 传输线有 6 根电缆，两对双绞线形成两个独立的信道，另外两根为电源线和地线。索尼公司对 FireWire 进行改进，舍弃了电源线和地线，形成只有两对双绞线的精简版 FireWire，并取名为 i.Link。

FireWire 数据传输速率与 USB 相当，单信道带宽为 400Mbit/s，通信距离为 4.5m。不过，IEEE1394b 标准已将单信道带宽扩大到 800Mbit/s，在 IEEE 1394-2000 新标准中，更是将其最大数据传输速率确定为 1.6Gbit/s，相邻设备之间连接电缆的最大长度可扩展到 100 m。

今天在火线技术基础上发展出来的雷电（Thunderbolt）接口技术，以超过两倍于 USB 3.0 的传输速度，即以 10Gbit/s 的起始速度，大有"一统天下"，成为替代 USB 和 SATA 接口的未来全功能接口的趋势。或许，未来计算机上所有的设备，不管鼠标、键盘，还是硬盘光驱，或是显示器、主机，都将通过 Thunderbolt 接口连接。

第七节　数据的保护技术

数据保护，就是需要对当前磁盘上的数据进行备份，以防磁盘突然损坏，或者因其他原因导致数据不可访问而丢失。备份后的数据，可以在数据丢失之后，第一时间将其恢复到磁盘上，从而最大限度地减少相关损失。

1. 基本数据保护的方法

数据备份可以分为文件级备份和块级备份。

（1）文件级备份

用备份软件将文件备份到磁盘介质或者任何其他的存储介质上，那么这些文件在备份介质中的物理位置就可以是不连续的。块设备可以跳跃式地记录数据，而一个完整数据链信息由管理这种介质的文件系统来记录。我们经常用的赛门铁克公司的 Ghost（通用硬件导向系统转移）就是一种文件备份软件。其他文件复制的备份方法也属于此类。

（2）块级备份

所谓块级备份，就是直接备份块设备上的每个块，无论这个块上有没有文件数据，以及这个块上的数据属于哪个文件。块级别的备份不考虑文件，原设备有多少容量，就备份多少容量。"块"这一概念，对于磁盘来说，就是扇区（Sector），块级备份是最底层的备份，它抛开了文件系统，直接对磁盘扇区进行读取，并将读取到的扇区写入新的磁盘对应的扇区，这就相当于磁盘镜像。

2. 高级数据保护方法

（1）远程文件复制

远程文件复制是把备份的文件通过网络传输到异地备份存储。典型的代表是异步（Async）远程文件同步软件。

（2）快照数据保护

快照的基本思想是，选取某一时间点中磁盘的所有数据，就像此时此刻在给它照相一样，把数据备份下来。但同时服务器主机的 I/O 需要正常执行，这怎么可能呢？快照技术通过多个磁盘冗余等技术就将其变成了可能。

（3）连续数据保护（Continuous Data Protection，CDP）

CDP 可以从某时刻开始保护卷或者文件在任意此后的时刻的数据状态，也就是数据的每次改变都会被详细记录下来，无一遗漏。这个机制乍一看非常神奇，其实它的底层只不过是比快照多了一些内容。

（4）文件级 CDP

顾名思义，文件级 CDP 就是通过调用文件系统的相关函数监视文件系统动作，文件的每一次变化都会被记录下来。这个功能是分析应用对文件系统的 I/O 数据流，然后计算出文件变化的部分，将其保存在 CDP 仓库设备（存放 CDP 数据的介质）中。

（5）块级 CDP

块级 CDP 就是捕获底层卷的写 I/O 变化，并将每次变化的块数据保存下来。

第八节　网络时代的数据存储趋势

网络时代的基本特征是信息的快速传播和大量信息需要更方便安全的存储方法，在目前的网络化大潮中，存储产品和技术的发展及未来趋势成为各界关注的焦点。

1. 数字化潮流不可逆转

数字化和网络化是大的趋势，网络上传播的信息越来越多，也越来越多样化，加上诸如数码摄影、数码影像处理等技术的蓬勃发展，还要求快速存取，传统的存储方案难以应对这些体积如此庞大的数据资料，这就更加促使高容量存储设备的需求日益加大。

2. 备份工作不可或缺

个人和企业重要的数据信息都在网络系统中，利用存储设备对重要数据信息进行有效备份越来越重要。与此同时，备份技术也日新月异，通过网上的存储空间，备份一些照片或不太涉及隐私或者企业机密文件，将成为未来的重要趋势。

3. 移动存储的需求急剧增加

移动办公目前已经成为越来越流行的工作方式，从事流动性行业或居家办公的人士正与日俱增，一些适用于移动数据管理的便携式存储装置便能派上用场。例如，适用于笔记本电脑的外置式 USB DVD-RW，或者移动硬盘、U 盘等。但是，伴随着网络速度的提高，人们会更多地直接把各种数据同步到互联网中，然后用移动计算设备通过网络同步存取数据、处理数据。

4. 企业级用户存储模式转型

当数据存储容量需求增加时，更多的企业都不会加装额外的独立磁盘冗余阵列（Redundant Array of Independent Disks，RAID）或购置更多服务器，而会选用专门的高容量的存储设备，比如后面章节会专门介绍附网存储（Network Attached Storage，NAS）设备。这种专业的存储设备，会给每一个局域网络增加安全可靠的数据中心。当然，更可能的一种趋势是，企业采用云计算方式，把一些运算和存储外包出去，给更专业的人士维护。

5. 信息存储形态日趋多样

随着大数据、人工智能、物联网等新兴技术的不断发展，软件定义存储 SDS、超融合系统 HCI、全闪存阵列 AFA 等新存储应运而生，并且不断发展成为存储市场主流和新热点。全球信息存储已经由"存储介质"向"数据中心""云存储""融合存储""智能存储"的方向发展，信息存储形态日趋多样。

6. 中国海量数据助推信息存储市场发展

中国是全球数据增长最快的国家之一，2019 年中国大数据存储量高达 9.3ZB，2020 年达到 12ZB。而在这海量数据快速增长的背后，是对信息存储市场需求的快速增长。

根据测算，2016 年我国信息存储市场规模已经接近 2500 亿元，2019 年更是高达 4770 亿元，2020 年突破 5000 亿元。

（1）光存储、磁存储往企业级方向发展，存储芯片市场有望回暖

具体来看，在存储器细分市场，光存储和磁存储逐渐往企业级市场方向发展，其中光存储目前在企业级市场应用快速发展，极大地拉动了整个存储器市场的快速发展。

存储芯片近年来技术不断突破，但存储芯片具有较强的周期属性，2019 年受到部分产品价格大幅下滑的影响，导致存储芯片销售有所下滑。

整体而言，2019 年存储器市场受到存储芯片的冲击而呈现市场规模下滑的情况。不过，2020 年存储芯片市场回暖，预计存储芯片市场规模将会恢复增长，从而推动整个存储器销量的增长，2020 年整个存储器市场规模突破 3000 亿元。

（2）中国数据中心建设驶入快车道

在数据中心方面，伴随着数字中国和大数据等国家战略的落地，全国数据中心建设驶入快车道，2019 年我国在用数据中心机架数达到了 265.8 万架，同时规划在建的数据中心机架数有 185 万架。

（3）云存储需求激增

在云存储市场上，云计算、大数据、人工智能等技术的快速发展为我国云存储带来了前所未有的机遇，2019 年我国云存储市场规模已经突破了 300 亿元，2020 年云存储技术不断提高，企业级存储器、混合云存储等服务不断创新，2020 年存储市场规模接近 400 亿元。

7. 中国信息存储市场未来可期

（1）信息存储价值将会提升，中国存储芯片技术有望突破

随着终端设备技术的发展，网络承载能力的提高，云—边—端计算环境的应用，诸多行业领域将会产生大量不同类型的数据。以影像采集为例，诸如交通、医疗、制造等行业领域在不断扩展其对高清影像的应用，在产出大量 4K、8K 视频以及上亿像素的高清图片作为数字生产材料的同时，还需要越来越大的存储空间。

此外，随着万物互联时代的到来，存储的信息将会成为各企业越来越重要的无形资产，信息存储市场将会持续升温。

同时，我国存储核心技术较薄弱，近年来中美贸易摩擦不断，国产替代进口迫在眉睫。在国家积极鼓励企业信息存储核心技术研发背景下，我国存储核心技术将有望迎来新的突破。

整体上看，未来我国信息存储市场规模发展前景广阔。前瞻预测，2026 年我国信息存储市场规模有望达到万亿元级别，2021—2026 年年复合增长率约为 15%。

（2）全闪存阵列需求大，混合云和存储智能化趋势明显

在趋势发展上，随着互联网逐渐普及化，在高峰时期需要更加迅速响应能力的存储系统才能确保应用端的不卡顿，而全闪存阵列可以提供百万级的 IOPS 以及 1 毫秒以下的延迟，具备更好的稳定性，非常适用于越来越复杂及重要的高性能应用场景。因此，未来将会有更多的企业选择闪存降列作为其存储的首选方案，以满足数据实时性的应用需求。

此外，混合云把公共的外部云和内部私有云整合成更具功能性的解决方案，可以同时解决公有云与私有云的不足。根据 RightScale 公司 2019 年云状态报告，有 84% 的受访企业采用了多云战略。其中，使用混合云的企业比例已经超过一半，预计未来将会有更多企业选择这一存储模式。

此外，随着互联网与通信、物联网、云计算、边缘计算等技术的发展，更多的"事物"正在链接，万事万物都可以被记录并用数据来表达，存储智能化的诉求将会增多。

未来，AI 技术将在信息存储的应用中更加普遍。信息存储智能化将会能够根据业务负载、运维管理等的历史记录，预测并判断未来可能会发生什么，再据此动态地调整存储资源池，做到物尽其用，提供预警信息和执行动作，做到防患于未然。

第二章　信息存储技术发展态势分析

信息储存技术经过多年的发展，本章主要对其发展趋势进行讲述。

第一节　存储器件

存储器件技术方向涉及存储器件电路的设计及改进，存储器件制造和工艺上的设计及改进，如对尺寸和性能的优化。相关专利涉及的技术细节还包括，存储器件（特别是新型非易失性存储器件）读写控制、擦除控制、页面的调整方法、驱动控制、密度控制、数据恢复、安全性能控制，存储器件多种降低耦合噪声的存储单元电路的设计及方法、电压高低的控制方法和电荷泵充电泵电路，对寄生电荷、电容进行抑制的电路及方法、测试方法、校正方法，存储器件扫描电路、熔丝电路、放大器电路设计及方法等。

一、随机存储器

过去几十年，随机存储器方面的专利申请呈快速增长的态势，专利公开量大幅提升，2008 年后速度变缓。主要体现在为计算机存储技术提供了很多优势，包括存储密度的提升和容量的增加及成本的降低。近些年来美光、三星等公司提出 3D（3 Dimensions）内存芯片（Hybrid Memory Cube，HMC），又称混合立方内存芯片，由于 3D 内存芯片与 CPU 的数据传输速度是现阶段内存技术的 10 倍以上，适应了高速发展的处理器和宽带网络的需求，因而最近几年关于随机存储器的专利申请又大幅度增加，仍然是研究热点。

从专利申请权利人看，目前该方向的优势企业是英特尔公司（Intel Corporation）、国际商业机器公司（International Business Machines Corporation）、三星公司（Samsung Group）、美光公司（Micron Technology，Inc）、SK 海力士公司（SK Hynix Ine）、得克萨斯仪器公司（Texas Instruments Incorporated）、瑞萨电子公司（Renesas Electronics Corporation）、奇梦达公司（Qimonda AG）、惠普公司（Hewlett-Packard Company）、西门子公司（SIEMENS AG）、联华电子公司（United Microelectronics Corporation）、东芝公司（Toshiba Corporation）、三菱电机公司（Mitsubishi Electric Corporation）、日立公司（Hitachi，Ltd）、甲骨文公司（Oracle Corporation）、富士通公司（Fujitsu Limited）、围岩研究有限公司（Round Rock Research LLC）、高智投资有限责任公司（Intellctual Ventures Management，LLC）、意法半导体（STMicroelectronics N.V.）。

英特尔公司因随机存取器技术领先，英特尔公司开发的 CPU 芯片性能高、价格低廉，得益于其 CPU 集成了大面积片上 RAM（随机访问存储器），成为其突出优势。

二、非易失性半导体存储器

随机存储器技术的发展也遇到了自身的问题：现有的随机访问存储器（Random Access Memory，RAM）尺寸已经到达其 CMOS 工艺的极限，同时数据刷新所产生的能耗问题随着其容量扩大日益加重，当内存技术继续发展，传统的 RAM 介质在内存尺寸缩小带来的系统稳定性、数据可靠性以及能耗等问题上面临困境。

除了现在广泛应用的非易失性存储器闪存（Flash Memory）外，新型非易失性存储器（Non-Volatile Memory，NVM）的出现，为扩展计算机内存提供了新的途径，同时促进了计算机在系统结构上的改变。目前有的非易失性存储器有相变存储器（Phase Change Memory，PCM）、磁性随机存储器（Magnetoresistive Random Access Memory，MRAM）、自旋转移矩磁性随机存储器（Spin-Transfer Torque MRAM，STT-MRAM）、铁电随机存储器（Ferroelectric Random Access Memory，F-RAM）、量子存储器（Quantum Memory）、记忆电阻（Memory Resistor）、阻变式存储器（Resistive Random Access Memory，RERAM）、硅纳米晶存储器（Silicon Nanocrystal Memories）等。

1. 闪存（Flash Memory）

1984 年，东芝公司发明人舛冈富士雄首先提出了快速闪存存储器（简称"闪存"）的概念。与 DRAM 不同，闪存的特点是非易失性（也就是所存储的数据在主机掉电后不会丢失），其读 / 写速度也非常快。1988 年，英特尔公司（Intel）推出了一款 256K bit 闪存芯片，被称为 NOR 闪存。1989 年，日立公司研制出第二种闪存，即 NAND 闪存。NAND 闪存的周期比 NOR 闪存短 90%，它的保存与删除处理的速度也相对较快。NAND 的存储单元只有 NOR 的一半，在更小的存储空间中 NAND 获得了更好的性能。

从专利公开量看，该领域已积累大量专利的公司有美光公司、闪迪公司、三星公司、英特尔公司、飞索半导体公司（Spansion Ine.）、围岩研究有限公司（Round Rock Research LLC）、东芝公司、瑞萨电子公司（Renesas Elctronics Corporation）、微软公司、超级天才电子有限公司（Super Talent Electronics Ine）、高智发明、惠普公司、索尼公司、甲骨文公司、马维尔科技集团有限公司（Marvell Technology Group Ltd.）、苹果公司、思科公司、Conversant 知识产权管理公司（Conversant Intellectual Property Management Inc.）、西部数据公司、国际商业机器公司等。

2. 相变存储器（Phase Change Memory）

相变存储器是一种由硫族化合物材料构成的非易失性存储器，它利用材料可逆转的相变来存储信息，具有非易失、工艺尺寸小、存储密度高、循环寿命长、读写速度快、能耗低、抗辐射干扰等优点。相变存储器介质材料在一定条件下会发生从非晶体状态到晶体状态，再返回非晶体状态的变化，在此过程中的非晶体状态和晶体状态呈现出不同的电阻特性和光学特性。因此，可以利用非晶态和晶态区分"0"和"1"来存储数据。

在国际半导体工业协会（ITRS）对新型存储技术的规划中，已将 PCM 列入优先实现产业化的名录。作为已进入产业化前期的新型存储技术，相变存储器是近几年发展最为迅速、距离产业化最近、商业化前景最为广泛的新型存储介质之一，也是有可能取代目前的 SRAM、DRAM 和 FLASH 等当今主流产品而成为未来商用存储器的主流产品之一。面对以 PCM 为代表的 NVM 的快速发展的趋势，其相关研究也已经如火如荼地展开。

相变存储器技术渐渐成为研究热点，2014 年达到 650 件。作为闪存（特别是 NAND Flash）的竞争者具有明显的优势，在 40nm 工艺制程下已经有产品问世。鉴于 RAM 等技术在特征尺寸的可扩放性上所面临的困境，特征尺寸越小，传统存储器存储数据的可靠性和有效时间都会随之变差，因此在特征尺寸扩展到 16nm 和 16nm 以下，PCM 技术的优势十分明显。

目前，该领域领先的机构有美光公司、三星公司、旺宏国际有限公司（Macronix International Co.Ltd.）、欧凡尼克斯公司（Ovonyx Inc）、奇梦达公司（Qimonda AG）、国际商业机器公司、英特尔公司、高智发明、SK 海力士公司、东芝公司、博科通信系统公司、马维尔科技集团有限公司（Marvell Technology Group Ltd.）、意法半导体公司（STMicroelectronics N.V.）、闪迪公司、微软公司、工业技术研究院（Industrial Technology Research Institute）、Conversant 知识产权管理公司（Conversant Intellectual Property Management Inc.）、电子和电信研究所（Electronics And Telcommunications Research Institute）、Tessera Technologies 公司、爱立信公司。

3. 磁性随机存储器（MRAM）

磁性随机存储器（又称磁阻内存）技术几乎是和磁盘记录技术同时被提出来。但是相当长的一段时间内，研究人员因为找不到合适的材料，故而磁场变化带来的电阻变化并不明显，阻碍了该技术的发展。20 世纪末的材料和工艺的进步使得该技术有了突破性的进展，1995 年，摩托罗拉公司（该芯片部门现在被飞思卡尔半导体收购）演示了第一个 MRAM 芯片，并先后生产出 256Kb、1Mb 和 4Mb 的芯片原型。

4. 自旋转移矩磁性随机存储器（STT-MRAM）

磁性随机存储器（MRAM）的信息读取是检测存储单元的电阻，若存储单元被选通，恒定的小电流从位线经连接线、磁隧道结（Magnetic Tunnel Junction，MTJ）到流过选通的三极管漏极，在磁隧道结两端会产生电位差，根据电位差的大小，可确定磁隧道结的电阻，从而知道自由层与固定层磁矩之间的相对取向关系。但是，传统的磁性随机存储器存在如下技术难点：功耗大、写入信息速度较慢、结构复杂、制造费用大、存储密度或存储容量受限等。基于传统的磁性随机存储器技术，自旋转移矩磁性随机存储器（STT-MRAM）技术通过自旋电流实现信息写入，解决上述技术难点，与传统的磁性随机存储器相比，有更好的可扩展性、更低的写信息电流且与更先进的半导体工艺相兼容。因此，我们细化了自旋转移矩磁性随机存储器专利统计信息，从 2008 年开始，自旋转移矩磁性随机存储器技术专利公开量呈现出快速增长态势。这是因为，2007 年磁记录产业巨头 IBM 公司和日本 TDK 公司合作开发新一代 MRAM，使用了一种称为自旋转移矩（Spin Torque Transfer，STT）的新型技术。新型的磁性随机存储器，即 STT-MRAM，利用放大了的隧道效应（Tunnel Effect），使得磁致电阻的变化达到了 1 倍左右。日本东芝公司于 2008 年在一枚邮票见方的芯片上做出了 1Gb 内存，记录密度是 DRAM 的成百上千倍，速度却比当时的内存技术要快上许多。大密度、快访问、极省电、可复用和不易失是 STTF-MRAM 的五大优点，这使它在各个方面都超过了现有的甚至是正在研发的存储技术——闪存太慢、SRAM 和 DRAM 易挥发、铁电随机存储器 F-RAM 可重写次数有限、相变存储 PCM 不易控制温度等。

该领域领先的机构：高通公司、三星公司、T3MEMORY 公司、美光公司、东电化公司（TDK Corporation）、北京航空航天大学、Avalanche 公司、SK 海力士公司、国际商业机器公司、瑞萨电子公司（Renesas Electronics Corporation）、延世大学（Yonsei University）、新加坡科学技术发展研究局、雪崩科技有限公司（Avalanche Technology Inc），英特尔公司、Global Foundries 公司、汉阳大学（Hanyang University）、MAG IC 技术公司、Crossbar 公司、霍尼韦尔国际公司（Honeywell International Ine.）。

铁电随机存储器（Ferroelectric Random Access Memory，F-RAM 或 FRAM）是一种在断电时不会丢失内容的非易失存储器。铁电随机存储器是利用铁电薄膜材料的极化可随电场反转并在断电时仍可保持的特性，将铁电薄膜与硅基互补金属氧化物半导体（CMOS）工艺集成的存储器。铁电随机存储器具有高速、高密度、低功耗和抗辐射等优点。铁电随机存储器可作为嵌入式存储器应用在智能卡中，也可作为独立式存储器应用在运行环境比较恶劣的各种仪器仪表上，因此铁电随机存储器在航空、交通、金融、电信、办公系统等领域具有广阔的市场前景。铁电存储器技术已有多年历史，2002 年开始进入比较迅速的发展期。从专利申请数看，Ramtron 公司、东芝公司、INFINEON 公司、Matsushita 公司、Symetrix 公司、OKI（冲电气工业株式会社）、德州仪器、富士通公司等在该技术领域处于领先地位。中国大陆地区的专利申请公开量靠前的为清华大学、复旦大学、浙江大学、南京大学、华中科技大学，中国台湾的旺宏电子股份有限公司（Macronix International Co.Ltd.）等单位。

5. 忆电阻（Memristor）

忆阻器又称记忆电阻（Memory Resistors）。1971 年美国华裔科学家加州大学蔡少棠教授最早提出忆阻器概念，蔡教授推断在电阻、电容和电感之外，还存在第四种基本元件，表征电压和磁通的关系。这种基本元件的效果，就是它的电阻会随着通过的电流量而改变，而且就算电流停止了，它的电阻依旧会停留在之前的值，直到接收到反向的电流它才会被推回去。2008年，惠普公司首次证实了该现象的存在。自此，忆阻器理论重新获得研究界和工业界关注，相继投入研究。忆阻器在新型非线性电路、存储器、新型逻辑运算器件和新型电子突触器件等领域都有非常广阔的应用前景。2008年开始，忆阻器技术方向专利公开量快速增长，2014年专利公开数为772件。需要指明的是，虽然惠普公司的研究者认为忆阻器与阻变式存储器（RERAM）有共性之处，并将RERAM作为忆阻器在物理界存在的实例，甚至有研究者开始用忆阻器代替RERAM的概念，但是，忆阻器运行的机制依然不够明确，存在诸多争议，忆阻器材料选择以及结构选择没有明确的理论依据，本书在查询统计中将忆阻器与阻变式存储器分开讨论。国内的华中科技大学、清华大学、西南大学、国防科技大学、中国科学院等单位比较早介入该技术领域研究，国外的惠普实验室、比勒菲尔德大学等单位在该领域具有国际影响力。

目前，该领域领先的机构为复旦大学、三星公司、惠普公司、夏普公司、半导体制造国际（Semiconductor Manufacturing International Company）、北京大学、三洋商会（Sanyo Shokai Ltd.）、杭州电子科技大学、西门子公司、小松公司（Komatsu Ltd.）、摩托罗拉方案解决有限公司（Motorola Solutions Inc）、Intrexon公司、佳世达公司（Qisda Corporation）、奇梦达公司（Qimonda AG）、横河电机（Yokogawa Eletric Corporation）、Dongbu公司、新大陆通信公司（Fujian Newland C.S&TCo, Ltd.）。

6. 阻变式存储器（RERAM）

阻变式存储器（Resistive Random Access Memory，RERAM或RRAM），能够以更小的面积构成NAND（逻辑与非）等逻辑门。逻辑电路普遍使用的NANDI需要四个场效应晶体管（Field EfectTransistor, FET），而惠普公司能够以三个RERAM元件构成NAND门。如果能够利用与场效应晶体管FET相比结构更简单且容易提高集成度的内存元件来构成逻辑门的话，有利于逻辑电路减小面积、提高集成度。RERAM等新型非易失性存储器不仅可推动对闪存的替代，而且还有助于逻辑电路的改善。迄今为止已提出的具体方案有：将逻辑电路中的寄存器换成非易失性存储器，在不使用电路时停止电源供应，降低功耗；以集成度高的非易失性存储元件构成逻辑门，减小逻辑电路的面积；实现逻辑门根据非易失性存取器的bi状态向NAND及NOR（逻辑或非）等切换的编程电路。

从2002年开始，该领域专利申请数存递增趋势，而且，从2009年开始，每年都有大幅度增加。目前，该领域全球领先的机构为三星公司、美光公司、希捷公司、旺宏国际有限公司（Macronix International Co.Ltd.）、应用材料公司（Applied Materials, Ine.）、Crossbar公司、松下公司、奇梦达公司（Qimonda AG）、Monolithic 3D公司、超级天才电子有限公司（Super Talent Electronics Inc）、东芝公司、富士通公司、Intermolecular公司、Tessera Technologies 公司、Xenogenic 公司（Xenogenic Development Limited Liability Company）、飞思卡尔半导体、索尼公司、西部数据公司、STS 半导体和电信。国内的复旦大学、中国科学院和清华大学等机构在该领域专利申请量居多。

7. 量子存储器（Quantum Memory）

量子存储器（Quantum Memory）是通过量子逻辑门，储藏、变换及控制量子信息。20 世纪 90 年代开始，量子存储器越来越受到研究者的重视，近两年来专利公开量相比以往有较大突破。目前，该领域领先的机构为东芝公司、国际商业机器公司、三星公司、日立公司、富士通公司、日本电气股份有限公司、高智投资有限责任公司、西门子公司、日本电报电话公司（Nippon Telegraph&Telephone Corp.）、松下公司、亿而得微电子（Yield Microelectronics Corp）、索尼公司、约翰霍普金斯大学、佐治亚科技研究公司、SK 海力士公司、中山大学、阿尔卡特朗讯、飞思卡尔半导体。

三、存储级内存（Storage Class Memory）

存储级内存（Storage Class Memory，SCM）是一种非易失性内存技术，其存取速度能效表现与内存模组相一致，但又具有半导体产品的可靠性，且在无须删除（Erase）旧有资料的情况下直接写入，可作为处理器与系统磁盘之间 I/O 桥梁的新一代组件。存储级内存可由本章所列举的新型非易失性存储器件构成，例如 FRAM、MRAM、PRAM、RERAM 等。

四、非易失性双列直插内存模块（NVDIMM）

非易失性双列直插内存模块（Non-Volatile Dual In-line Memory Module，NVDIMM）是一种集成了普通 DRAM 与非易失性 FLASH 芯片的内存条。在系统异常掉电时，非易失性双列直插内存模块借助其后备超级电容，能够在较短时间内将数据放入闪存芯片，从而永久保存内存中的数据。相比其他介质的非易失性存储器，非易失性双列直插内存模块技术已逐步进入主流服务器市场，美光公司、亿展科技有限公司、赛普拉斯半导体有限公司（Cypress Semiconductor）的子公司美国技佳科技有限公司（AgigA Tech Inc.）公司等国外内存厂商皆推出自己的非易失性双列直插内存模块技术。

在互联网化趋势下，各个行业数据量呈爆发增长，信息存储形态日趋多样，我国信息存储市场规模持续增长。未来，随着万物互联时代的到来，存储的数据逐渐变成各企业越来越重要的无形资产，信息存储市场将会持续升温。

第二节　存储设备

一、磁盘

从 1956 年 IBM 公司向客户交付第一台磁盘驱动器 RAMAC 305 到现在，磁盘技术发展已有近 60 年的历史。磁盘技术方向的专利从 2002 年开始出现快速增长，2008 年，磁盘技术方向专利公开量达到顶峰（5045 件），近几年专利公开量处于逐渐下降的态势。

磁盘设备相关技术领先的厂商如下：西部数据公司、三星公司、索尼公司、东电化公司（TDK Corporation，日本磁性材料"铁氧体"工业化生产商）、希捷公司、日立公司、松下公司、东芝公司、佳能公司、国际商业机器公司、精工控股公司、富士通公司、日本电气股份有限公司、国际自动机工程师学会（SAE International）、美蓓亚有限公司（Minebea Co.LId.）、三星电机有限公司（Samsung Electro Mechanics Co，Ltd.）、得克萨斯仪器公司、豪雅株式会社（Hoya Corporation）、大日本印刷株式会社（Dai Nippon PrintingCo. Ltd.）、马维尔科技集团有限公司。

二、磁带

磁带是一种用于记录声音、图像、数字或其他信号的载有磁层的带状材料，是产量最大和用途最广的一种磁记录材料。通常是在塑料薄膜带基（支持体）上涂覆一层颗粒状磁性材料或蒸发沉积上一层磁性氧化物或合金薄膜形成。最早曾使用纸和赛璐珞等作带基，现在主要用强度高、稳定性好和不易变形的聚酯薄膜。目前磁带技术仍处于平稳的发展态势。磁带设备相关技术领先的厂商如下：松下公司、索尼公司、日立公司、富士胶卷控股公司、建伍控股株式会社（JVC KENWOOD Holdings Inc）、三菱电机公司、东芝公司、日本电气股份有限公司、富士通公司、佳能公司、国际商业机器公司、夏普公司、皇家飞利浦公司（Koninklijke Philips NV）、东电化公司、先锋公司（Pioneer Corporation）、三星公司、甲骨文公司、奥林巴斯株式会社（Olympus Corporation）、安派克斯公司（Ampex Corporation）、阿尔卑斯电气有限公司（Alps Electric Co.Ltd.）。

三、光盘

1. 光盘

光盘分布可擦写光盘，如 CD-ROM、DVD-ROM 等；不可擦写光盘，如 CD-RW、DVD-RAM 等。光盘是利用激光原理和技术进行读、写的设备，是一种辅助存储器，可以存放文字、声音、图形、图像和动画等多媒体数字信息。

光盘设备相关技术领先的厂商如下：索尼公司、松下公司、日立公司、东芝公司、三星公司、LG电子有限公司、希捷公司、富士通公司、皇家飞利浦公司、先锋公司、理光公司、建伍控股株式会社（JIVC KENWOOD Holdings Inc）、日本电气股份有限公司、三菱电机公司、西门子公司、佳能公司、达姆施塔特公司（Zeppelin Stifung）、富士胶卷控股公司、国际商业机器公司、Technicolor公司。

2. 磁光盘

磁光盘（Magneto optical Disk）由对温度敏感的磁性材料制成，是传统的磁盘技术与现代光学技术结合的产物，它的读取方式是基于克尔效应（Kerr Effect）。磁光盘驱动器采用光磁结合的方式来实现数据的重复输入，磁光盘盘片大小与三寸软盘相类似，可重复读写一千万次以上。磁光盘的读写速度比不上硬盘，但保存寿命可长至50年以上。

磁光盘设备相关技术领先的厂商如下：索尼公司、希捷公司、光谱逻辑公司（Spectra Logic Corporation）、精工控股公司、目标技术有限责任公司（Target Technology Company，LLC.）、休伦咨询集团（Huron Consulting Group）、高智发明、佳能公司、英特尔公司、华盛顿大学、先锋公司、松下公司、富士通公司、柯达公司、蓝穗公司（Blue Spike，Inc.）、豪雅公司（Hoya Corporation）、永泰控股有限公司（Wing Tai Holdings Limited）、杜比公司（Dolby Laboratories，Inc.）等。

四、玻璃存储技术

人类历史上曾用竹器、石器、金属来存储数据，现代出现了光盘、移动硬盘等来存储数据，但"时间"对所有存储设备的物品都颇具"杀伤力"：世界上每天所产生的数据量在爆炸性增长，就永久性存储技术，从刻竹器、石器记录到现在的光盘、磁盘等记录信息，信息保存的时长仍需提升，以避免信息丢失。

玻璃存储是利用激光让石英玻璃块中的原子重新排列，让玻璃"变身"为新式存储器。其基本原理是，首先让一束激光聚焦，随后将名为三维像素（voxels）的小点刻进纯净的石英玻璃内，使玻璃变得有点模糊，光通过玻璃时会发生极化。极化过程改变了光通过玻璃的方式，制造出了极光漩涡，以此将信息记录于玻璃内。玻璃存储器内的信息阅读方式与光纤内数据的阅读方式一样，而且，其中存储的数据也可以利用激光进行清除、重写等操作。研究表明，与现在广泛使用的硬盘、光盘存储器相比，石英玻璃耐高温、耐磨损、抗氧化，因此，玻璃存储器更稳定、更耐用。现在的硬盘存储器的寿命仅为几十年，且很容易被高温和湿气破坏；玻璃存储器能耐受983℃的高温，即使在水中也不会遭受任何破坏，理论上信息可以在里面安全存储几千年。

玻璃存储设备相关技术领先的厂商如下：半导体能源实验室、Memjet IP控股有限公司、美光公司、国际商业机器公司、电子科学工业公司、高通公司、高智发明公司、尼康公司、柯达公司、利特尔公司，卡特公司、力克萨公司、"台湾"半导体制造有限公司、普林斯顿大学、哥伦比亚大学、索尼公司、日立公司、德国电信、日本电气股份有限公司、应用材料公司。

第三节　存储系统

计算机的主存储器不能同时兼顾到快速、大容量和低成本的要求，在计算机中必须要求速度由慢到快、容量由大到小的多级层次存储器，以最优的控制调度算法和合理的成本，构成具有性能可接受的存储系统。存储系统的性能在计算机系统中一直受到关注，主要原因是：冯·诺伊曼体系结构是基于存储程序的基础上，访存操作约占中央处理器（CPU）时间的 70% 左右；存储管理与组织的好坏影响到整机效率；大数据处理，如图像处理、数据库、知识库、语音识别、多媒体等对存储系统的性能要求越来越高。

一、盘阵列

独立冗余磁盘阵列（RAID，Redundant Array of Independent Disks），简称磁盘阵列，旧称廉价磁盘冗余阵列（Redundant Array ofInexpensive Disks）。根据组织方式磁盘阵列有 RAID0 到 RAID6 等 7 种基本模式，同时还有这七种基本模式的混合模式如 RAID7、RAID10/01、RAID50、RAID53 等。RAID 技术相较于单个硬盘来说，具有一定的容错功能，容量大大增加了，处理速度也有所提升。随着大数据概念的普及，RAID 因其大容量高速度的定位使其应用越来越广。同时由于固态盘（SSD）的出现，RAID 也不单单只是由传统的纯硬盘组成，在 RAID 中加入 SSD 能显著提高 RAID 的性能，而高端盘阵列更是全由闪存组成。本书将磁盘或固态盘按阵列（Array）方式组织起来，统称盘阵列（Disk Array）。

纯闪存阵列是闪存技术发展的产物，磁盘阵列从全磁盘到磁盘与固态盘结合的混合形式，再到全闪存构成，这与闪存技术逐渐成熟有着紧密的关系。相比较传统的磁盘阵列，纯闪存阵列有更高 IOPS（Input Out put Operations Per Second），即每秒进行读写（I/O）操作的次数，时延从毫秒进入了微秒时代，同时纯闪存阵列更小巧，更高效，可以明显地降低空间的占用和电力的消耗，显著降低数据中心的运维成本。

二、文件系统

文件系统是计算机组织和管理存储设备中数据的一种机制，它向用户提供一种访问底层的途径，使得用户对数据的查找和访问更加便利和灵活。文件系统一般采用文件和树形目录的逻辑概念，提供用户保存数据的方式，但用户不用知道数据是如何存储、存储在存储介质的哪个物理地址上。我们常见的文件系统主要有传统的磁盘文件系统和网络文件系统等，随着闪存等新型存储器的出现和广泛应用，大量闪存文件系统也随之发展壮大。

三、对象存储

对象存储是继块、文件之后的一种新的存储模式，对象是基本的存储单元，一个对象包含数据和数据的相关属性，数据在存储的时候，作为一个对象，系统会有一个对象标识（Object identifier，OID），用户通过 OID 来对数据进行相关访问，而不用管对象存在哪、如何存。与传统的基于文件的存储不同的是，对象存储将相关的存储管理工作从主机端移动到了存储设备端，称为对象存储设备（OSD）。对象存储系统中另一个重要组件是元数据服务器，用户须要读写数据时，会通过文件系统先向元数据服务器发出请求，获取数据所在的 OSD，然后向 OSD 发送数据请求，OSD 在认证后会将对象数据发送给用户。对象存储系统综合了 NAS 和 SAN 的优点，有 SAN 的高速访问和 NAS 数据共享，支持高并行性，可伸缩的数据访问，管理性好，安全性高，目前正在快速发展中。

第四节　存储软件及技术

大量的数据存储在存储器上，针对不同的数据，不同的存储系统，相关的数据管理方式也是不同的。数据在存储和传输的过程中，需要对数据进行校验，最大限度地增强相应的容错能力，相关的安全问题也需要重视，包括存储设备的可信性，数据的访问权限，用户的认证等。随着数据的传播，存储系统会保存较多的数据副本或者数据的冗余，这时为了节约存储系统的空间和加快传输速度，数据去重也是一个重要的方向。数据在存储的时候会遇到各种特殊情况，如人为的误操作、存储设备的故障、不可避免的自然灾害等，都有可能导致数据破坏或丢失，因此，系统还需要具备相应的数据备份和灾难恢复能力。

围绕上述需求，出现多种存储相关技术及软件。以下将选取部分典型的存储相关软件，分别按对应关键词查询并分析其专利公开量的变化趋势。

一、数据存储软件

1.ADrive（存放空间）

交易：免费的 50GB 云存储空间。

详细信息：ADrive 可能不是很出名，但它提供了一个举世瞩目的交易。美中不足的是，ADrive 是一个广告支持平台，所以你虽然得到了大量的存储空间，但也会收到大量的广告。对于 100GB 的存储容量，其收费计划是每月 2.50 美元或每年 25 美元。ADrive 具有一些基本的功能，如共享和备份，但其业务和企业客户需要提供加密，并且可以多用户接入。

2.Amazon 云存储（亚马逊云存储）

交易：在 S3 中 5GB 免费存储空间；免费为亚马逊超级会员用户存储无限量的照片。

详细信息：亚马逊云驱动器不再提供完全免费的面向消费者的云存储服务，但亚马逊超级会员得到与他们的订阅照片免费无限量的云存储空间，费用每年 99 美元，包括免费获得 Amazon.com 的产品为期两天的航运资格。非亚马逊超级会员，可以免费存储无限量的照片，三个月的试用期后，每年存储的费用为 12 美元。亚马逊还提供了一个"无限"的套餐，每年为 60 美元，可以存储任何文件或文档。

亚马逊公司面向企业的云存储服务命名为简单存储服务（S3），只有 5GB 的存储空间免费的。

3.Apple iCloud Drive（苹果公司 iCloud 驱动器）

交易：5GB 的免费云存储空间。

详细信息：苹果 iCloud 驱动器配有 5GB 的免费存储。希望增加他们的存储可以以 99 美分的价格得到 20GB 的存储空间，200GB 每月 4 美元，以及每月 20 美元 1TB。iCloud 是苹果的用户提供的，但是也有一个为 Windows 提供的 iCloud 的应用程序。而 Android 用户需要使用一个第三方应用程序访问 iCloud 存储空间。

二、存储容错

容错就是当系统由于种种原因出现了数据、文件损坏或丢失的情况时，系统能够自动将这些损坏或丢失的文件和数据恢复到发生事故以前的状态，使系统能够连续正常运行的一种技术。数据在传输和存储的过程中会出现不同原因导致的各种错误，为了避免和减少这些错误的发生，增加系统的可靠性，由此出现了存储容错机制。容错技术一般利用冗余硬件交叉检测操作结果。常见的存储容错技术有双重文件分配表和目录表技术、快速磁盘检修技术、磁盘镜像技术、双工磁盘技术等。存储容错系统实现存储级的高可用性，一般可在两套存储系统间自动持续复制数据，实现存储镜像及数据的实时同步；在主存储节点故障时，容错存储系统可自动将数据访问路径导向备用存储节点，从而保障系统可持续访问存储设备。存储容错方面的专利，总体上呈大幅上升趋势，在 2014 年达到顶峰（1134 件）。

究其原因，一方面，由于数据爆炸增长，导致存储规模越来越大，从而使得可靠性问题严峻，新的容错技术不断出现；另一方面，也反映了人们对数据的重视程度，寄希望于通过各种措施保障数据万无一失的存储。

三、数据去重

数据去重，即重复数据删除，目的是节省存储空间和节省传输带宽需求。一般应用于数据备份系统，在数据备份过程中会存在大量的冗余数据，数据去重的雏形便是差量备份，即每次只备份改变了的数据。数据去重主要的工作方式是通过查寻不同文件中不同位置的重复可变大小数据块，重复的数据块用指示符取代。按照处理时间可分为两种：一种是在线去重，指的是在数据存储到存储设备上的同时进行重复数据删除流程，在数据存储到硬盘之前，重复数据已经被去除掉了；另一种是后去重，指的是数据在写到存储设备的同时不进行重删处理，先把原始数据写到硬盘上，随后启动后台进程对这些原始数据进行重删处理。与在线去重相比较，后去重需要更高的硬盘性能，需要更多的硬盘数量。但是在线去重会耗费更多的备份时间。

四、存储能效

随着大数据时代的到来，一方面围绕大数据相关的专利数据急剧增加；另一方面，随着数据量的爆发式增长，信息存储需要的服务器也在逐年增加，与此同时，为了照顾用户的习惯，服务器还需要保存用户很久之前的数据，这样数据存储的规模也就越来越大。存储能耗问题逐渐出现在人们的视野中，对于一些大型机构的数据中心，存储能耗问题更是日益凸显。由于数据中心的特殊性，服务器需要 24 小时提供服务，耗电量是巨大的，同时服务器在运行过程中会产生大量的热量，这些热量也需要及时被吸收或冷却，这也是能耗需要考虑的重要因素。

五、数据安全共享

数据安全共享问题是 IT 领域必须面对的问题。通常来说，加密和认证是数据安全共享的基础，在数据传输过程中，先将文件变为乱码（用加密算法加密），再将乱码重新恢复（解密），同时还要验证相关的权限。

六、常用存储高级技术

1. 自动精简技术

（1）自动精简技术背景

随着各行业数字化进程的推进，一方面，数据逐渐成为企事业单位的核心资源；另一方面，数据量呈爆炸式增长。存储系统作为数据的载体，也面临着越来越高的用户要求。传统的存储系统部署方式要求在 IT 系统的设计规划初期，能够准确预估其生命周期（3 到 5 年，甚至更长时间）内业务的发展趋势以及对应的数据增长趋势。然而，在信息技术日新月异的时代，要做到精确估计对系统规划者来说是一项几乎无法完成的任务。一个错误的规划设计往往导致存储空间利用率的不均衡，一些系统没有多余的存储空间来存储增长迅速的关键业务系统数据，而另一些系统却有大量的空余存储空间。即便规划设计能够准确预测未来 5 年的数据增长量，但在系统部署之初就投入大量成本购买未来 5 年所需的存储空间，这大大加重了企业的运营成本。

按照传统的存储系统部署方式，为某项应用程序分配使用存储空间时，通常预先从后端存储系统中划分足够的空间给该项应用程序，即使所划分的空间远远大于该应用程序所需的存储空间，划分的空间也会被提前预留出来，其他应用程序无法使用。这种空间分配方式不仅会造成存储空间的资源浪费，而且会促使用户购买超过实际需求的存储容量，加大了企业的投资成本。

最大限度地保护用户前期投资，同时有效降低后期运维、升级等成本已成为数据存储系统设计和管理中的关键技术挑战。针对上述挑战，研究人员提出了一种称为自动精简配置（Thin-provisioning）的存储资源虚拟化技术。自动精简配置的设计理念是通过存储资源池来达到物理空间的整合，以按需分配的方式来提高存储空间的利用率。该技术不仅可以减少用户的前期投资，而且推迟了系统扩容升级的时间，有效降低了用户整体运维成本。

（2）自动精简技术原理

自动精简配置技术最初由 3PAR 公司开发，目的是提高磁盘空间的利用率，确保物理磁盘容量只有在用户需要的时候才能被调取使用。自动精简技术是一种按需（容量）分配的技术，依据应用程序实际所需要的存储空间从后端存储系统分配容量，不会一次性将划分的空间全部给某项应用程序使用，当分配的空间无法满足应用程序正常使用时，系统会再次从后端的存储系统中分配容量空间。除了有助于提高空间的利用率之外，自动精简技术还能降低用户整体运维成本。例如，前期规划时预留一部分存储卷给用户，用户在后期使用过程中，系统可以自动扩展已经分配好的存储卷，无须手动扩展。

自动精简技术作为容量分配的技术，它的核心原理是按需解发容量"欺骗"，欺骗的对象为管理容量的文件系统，让文件系统认为它管理的存储空间很充足，而实际上文件系统管理的物理存储空间则是按需分配的。例如，在存储设备上启用自动精简配置特性后，文件系统可能显示 2TB 的逻辑空间，而实际上只有 500GB 的物理空间是被人们所利用的。

尽管只有 500GB 的空间被利用，但随着用户往存储系统写入越来越多的数据，实际物理存储的容量会达到上限 2TB，其空间利用率也会变得越来越高。

（3）自动精简技术应用

各大存储厂商对自动精简技术都有所涉及，为便于理解该技术，下文对华为技术有限公司提出的 SmartThin 自动精简配置技术进行解读。

SmartThin 自动精简配置技术具有如下特点。

1）按需分配

SmartThin 技术可以减少前期的投入，减少总拥有成本（Total Cost of Ownership，TCO 从产品采购到后期使用、维护的总成本）。满足客户对存储容量不断增长的需求，增强存储系统的利用率和扩展性。

2）支持在线扩容

SmartThin 技术可用于在线扩容。一方面，业务系统正常运行，无须中断；另一方面，SmartThin 技术在进行存储扩容时，不必对原有数据进行迁移或者备份，有效避免了数据迁移带来的风险，降低了数据备份成本。

3）自动化容量管理

用户不必费心为不同的业务配置不同的容量，通过竞争机制分配各种业务所需容量，最终达到存储容量的最优化配置。

SmartThin 技术以一种按需分配的方式来管理存储设备，基于 RAID2.0+ 存储虚拟资源池创建 ThinLUN，以 Grain 为单位。ThinLUN 是一种 LUN 类型，支持虚拟资源分配，能够以较简便的方式进行创建、扩容和压缩操作，因此 SmartThin 自动精简配置技术也称为 ThinLUN 技术。ThinLUN 在创建的时候，可以设置一个初始分配容量。ThinLUN 创建完成后，存储池只会分配到初始容量大小的空间，剩余的空间还放在存储池中。当 ThinLUN 已分配的存储空间的使用率达到阈值的时候，存储系统会从存储池中划分一定的配额给 ThinLUN。如此反复直到达到 ThinLUN 最初设置的全部容量。如果最初设置的容量大于物理存储空间，那么可通过扩充后端存储资源池的方式来进行系统扩容，整个扩容过程不用业务系统停机，对用户完全透明。

假设后端存储总共有 500GB 的存储空间，考虑到客户暂时不需要使用如此大的存储空间，按照 SmartThin 自动精简配置策略，将后端 200GB 物理存储空间做 RAID 5 后映射给客户机使用，其余 300GB 作为预留空间给客户备用，并设置了当用户的使用空间达到 180GB 时，自动为用户扩容。客户机在挂载使用后，看到的空间为 500GB 的存储空间，但其真实使用的空间为原先管理员设置的 200GB，用户往主机里面存储的数据存储在 200GB 的空间内。当存储的空间达到管理员设置的 180GB 时，存储系统会自动将原先设置的 300GB 空间在用户无知觉的情况下自动分配给用户使用。

2. 分层存储技术

（1）分层存储技术背景

随着科学技术系统的发展，信息通信技术领域也在不断发生变化。在当今互联网技术领域中，企业与管理部门通常会遇到数据存储的容量、性能与价格等方面的挑战。一方面企业面临原先购买的存储设备不能满足现如今发展而带来的存储空间不足的问题；另一方面，随着企业的不断发展，需要收集保存的数据也会越来越多，这会在一定程度上影响存储系统的性能。

对于企业在日常工作中的业务应用来说，并不是所有的数据都具有非常高的使用价值。随着时间的推移，有些数据在一定的时间范围内被频繁地访问，这些数据通常称为热数据；而有些数据则很少或者没有被用户读取访问，这些数据通常称为冷数据。

经过科学统计和分析，数据信息的调取和使用在生命周期过程中是有规律的，换句话来讲，信息生命周期是有迹可循的。在通常情况下，新生成的数据信息会经常被用户读取与访问，其有较高的使用价值，随着时间的推移，这些新生成的数据信息使用频率呈现下降的趋势，直至在很长的一段时间内不被用户访问，其使用价值在逐年降低。存储系统容量和资源会被这些大量的低使用价值的数据信息占据，影响其性能。然而，这些低使用价值数据由于受数据仓库建设、政策法规限制等原因不能删除，如何解决这些不常用数据的保存问题，是目前企业面临的数据管理难题。企业通常使用备份或者归档方式将长期不访问的数据从高成本的存储阵列上迁移至低成本的归档设备中，但面对数据爆炸式增长带来的大量低访问周期数据，如何解决存储问题依旧面临着诸多的问题。

数据生命周期灵活有效管理问题。庞大的数据量会使数据的管理难度加大，难以依靠人力将数据及时合理分配到存储空间。

数据空间占用高性能存储问题。大量使用价值不高的数据占用的存储介质空间过多，会导致资源浪费的问题，为了保证新数据的访问性能，需要不断购买新的高性能的存储设备来解决扩容问题。

如何解决上述问题，是企业在发展过程中必须思考的问题，尤其是在存储系统初期搭建过程中，要考虑数据生命周期管理的问题，因此研究者提出了自动分层存储技术。分层存储也称层级存储管理（Hierarchical Storage Management，HSM）。自动分层存储技术首先将不同的存储设备进行分级管理，形成多个存储级别；然后通过预先定义的数据生命周期或者迁移策略将数据自动迁移到相应级别的存储中，将访问频率高的热数据迁移到高性能的存储层级，将访问频率低的冷数据迁移到低性能大容量的存储层级。以下列出自动分级存储的两个设计目标。

1）降低成本

通过预先定义的数据生命周期或者迁移策略，将访问频率较低的数据（即冷数据）迁移到低性能、大容量的存储层级，将访问频率高的数据（即热数据）迁移到高性能的存储层级。热数据的比例较小，采用上述迁移策略有助于节约高速存储介质，从而降低存储设备的总成本。

2）简化存储管理，提高存储系统性能

通过对企业业务进行分析管理，设置合适的企业数据迁移策略，将极少使用的大部分数据迁移到低性能、大容量的存储层级，减少冷数据对系统资源的占用，可以提高存储系统的总体性能。

在线存储将数据存放在统计分析系统（Statistics Analysis System，SAS）磁盘阵列、固态闪存磁盘、光纤通道磁盘这类高速的存储介质上。此类存储介质适合存储那些访问频率高、重要的程序和文件，其优点是数据读写速度快、性能好，缺点是存储价格相对比较昂贵。在线存储属于工作级的存储，其最大的特征为：存储设备和所存储的数据一直保持"在线"状态，数据可以随时读取与修改，满足高效访问的数据访问需求。

近线存储是指将数据存放在 SATA 磁盘阵列、DVD-RAM 光盘塔和光盘库等这类低速存储介质上，对这类存储介质或存储设备要求寻址速度快，传输速率高。近线存储对性能要求并不高，但要求有较好的访问吞吐率和较大的容量空间，其主要定位是介于在线存储与离线存储之间的应用，例如保存一些不重要或访问频度较低的需长期保存的数据。从性能和价格角度上看，近线存储是在线存储与离线存储之间的一种折中方案，其存取性能和价格介于高速磁盘与磁带之间。

离线存储也称为备份级存储，通常将数据备份到磁带或者磁带库等存储介质上，此类存储介质访问速度低，价格相对比较便宜，绝大多数情况下用于对在线存储或近线存储的数据进行备份，防范数据的丢失，适用于存储无价值但需长期保留的历史数据、备份数据等。

（2）分层存储技术分析

在分层存储系统中，根据数据生命周期管理策略或数据访问频度，需要在不同存储等级的设备之间进行数据迁移，此时，需要关注如下几个方面。

1）数据一致性

分层存储系统中数据迁移可分为降级迁移和提升迁移。冷数据需要降级迁移，热数据则需要进行提升迁移，这两种数据迁移的目的、特征是不相同的。降级迁移是将数据迁移到低速存储设备上，对于降级迁移来说，因为是迁移冷数据，在迁移过程中很可能不会出现前端用户 I/O 请求。升级迁移则将数据迁移到高性能存储设备上，对升级迁移来说，迁移主要发生在 I/O 最密集的时间段，通常会有前端用户 I/O 请求发生，如果是写请求，那么迁移数据和用户请求数据就存在数据不一致问题。针对数据不一致问题，通常的应对措施是采用读写锁，以数据块为调度粒度来减小前端 I/O 性能的影响。迁移过程中，迁移进程为当前数据块申请读写锁，保证数据在迁移操作与写操作之间的数据一致性。

2）增量扫描

在一个文件数为 10 亿级的大规模文件系统中，选择分级存储管理操作的候选对象是一个耗时操作，一般须扫描整个文件系统的名字空间。假设，每秒能扫描 5000 个文件，扫描 10 亿个文件大约需要 56 小时。为了提高扫描性能，一种应对方案是增量扫描技术，其技术要点有两条：一是扫描系统元数据，而非扫描整个文件系统；二是扫描近期某一时间段内所有被访问文件的次数和大小、总访问热度等信息，因为近期被访问文件占整体文件系统的比例很低。

采用增量扫描技术，一方面按照文件访问情况进行针对性扫描，能够大幅度减少文件扫描规模。例如，一个拥有 20 万个文件的文件系统，每天只有不到 1% 的文件被访问（随着文件系统规模增大，访问百分比还会下降）；另一方面，通过元数据服务器定期获取近期访问过的文件信息，可以大大减少文件扫描任务量，进而减少维护文件访问信息的开销。

3）数据自动迁移存储

在实际应用中，当数据信息达到迁移触发条件时，系统会自动启动数据迁移进程，从而实现冷数据的降级存储和热数据的升级存储。分级存储中数据需要在线迁移，这就需要考虑数据移动对前端 I/O 负载的性能影响。数据自动迁移技术要求最大限度地降低数据迁移动作本身对前端用户 I/O 性能的影响，并且迁移过程对前端应用是透明的，它根据前端 I/O 负载的变化来调整数据迁移速率，即迁移进程要完成负载感知的数据迁移调度和迁移速率控制，使得数据迁移动作本身对存储系统的 QoS（服务质量）产生非常小，同时使得数据迁移任务能够尽快完成。

4）数据的迁移策略设计

数据信息分级策略是依据信息数据的重要程度、访问频率、生命周期的影响等多种指标对数据进行价值分级。数据分级后在合适的时间迁移到不同级别的存储设备中，以达到最佳的存储状态。因此科学的数据分级显得非常重要，要充分挖掘数据的静态特征和动态特征，以获得更好的分级存储效果。以文件系统为例，进行文件分级时需要格外注意以下三点：一是文件系统的静态特征需关注大小文件的分布；二是文件系统的宏观访问规律需关注大小文件的访问次数；三是文件之间的访问关联特征需关注文件在被访问的同时另外一个文件在什么时间段被访问。依据这些特征和存储设备的分级情况，确定文件分级标准和文件分级变化的触发条件，从而在合适的时间将数据迁移到不同级别的存储设备中。

数据迁移最佳策略是各类最优策略的组合，也就是因需制宜地选择合适的迁移算法或迁移方法。例如，根据数据年龄（即创建之后的存在时间）进行迁移的策略可以用在归档及备份系统中，根据访问频度进行迁移的策略可以用于虚拟化存储系统中。

（3）分层存储技术应用

分层存储技术有两个重要标准："精细度"与"运算周期"。

"精细度"是指系统执行存取行为、收集分析与数据迁移操作的单位，它决定了执行数据迁移时操作单元的大小。"精细度"并不是越小越好。"精细度"越小，虽然能提高空间利用率，但会大大增加迁移的开销，影响存储设备的基本性能，因此，"精细度"需合理规划配置。假设需要在一个 50GB 的 LUN 上进行数据迁移，若采用的精细度为 1GB，则系统只需追踪 50 个数据分块；若采用更小的精细度，如 10MB，则系统就需要追踪 5 万个数据分块，操作量高出 100 倍。

"运算周期"是指系统执行存取行为、统计分析与数据迁移操作的周期，它反映磁盘存取行为的时间变化。运算周期越短、存取操作越密集，系统将能更快地依照最新的磁盘存取特性，重新配置数据在不同磁盘层集中的分布。运算周期太长，统计分析与数据迁移操作会占用过多 I/O 资源。

以华为技术有限公司的数据迁移技术 SmartTier 为例，SmartTier 的精细度为 512kB~64MB，默认是 4MB，最小运算周期为 1 小时。

3.Cache 技术

（1）Cache 技术背景

在动态的业务环境中提高应用程序的响应速度，是一项成本高昂且复杂耗时的任务，应用程序的响应延迟过大会影响业务的效率，进而降低企业的生产效率和客户服务的水平。随着服务器处理能力不断增长，存储系统的性能成为制约应用程序响应速度的一个重要因素。虽然存储系统通过增加普通缓存资源（如 RAM Cache）能够有效提升存储设备的访问速度，但普通缓存具有价格昂贵、容量较小、数据掉电丢失等缺点，存储厂商将目光转到固态硬盘 SSD 上。

SSD 具有响应时间短、容量远大于普通缓存资源的优点，与传统的机械硬盘相比，SSD 能大幅提升响应速度，实现了最高的 I/O 性价比。利用 SSD 这一特性，将 SSD 盘作为读缓存资源，可以减少存储系统的读响应时间，有效提高热点数据的访问效率。

（2）Cache 技术原理

各厂家对智能闪存 Cache 技术有不同的定义，但基本原理及最终实现效果基本相同。如 EMC 厂家将 Cache 技术称为 FASTCache 技术，而华为技术有限公司称为 SmartCache 技术。不管是 EMC 的 FASTCache 技术还是华为的 SmartCache 技术，都具有提高效率、提升性能的作用。下文以华为技术有限公司开发的 SmartCache 技术为例阐述 Cache 技术原理。

SmartCache 又叫智能数据缓存。利用 SSD 盘对随机小 I/O 读取速度快的特点，通过 SD 盘组成智能缓存池，将访问频率高的随机小 I/O 热点读数据从传统的机械硬盘复制到由 SSD 盘组成的高速智能缓存池中。因为 SSD 盘的数据读取速度远远高于机械硬盘，所以 SmartCache 特性可以缩短热点数据的响应时间，从而提升系统的性能。

更进一步讲，SmartCache 将智能缓存池划分成多个分区，为业务提供细粒度的 SSD 缓存资源。不同的业务可以共享同一个分区，也可以分别使用不同的分区，各个分区之间互不影响，从而可以向关键应用提供更多的缓存资源，保障关键应用的性能。此外，采用 SmartCache 不会出现中断现有业务，也不会影响数据的可靠性，因为 SSD 属于是非易失性存储。

利用 SSD 盘较短的响应时间和较高的 IOPS（Input/Output Operations Per Second）特性，SmartCache 特性可以提高业务的读性能。SmartCache 适用于存在热点数据的场景，且读操作多于写操作的随机小 I/O 业务场景，包括在线事务处理 OLTP 应用、数据库、Web 服务、文件服务应用等。

4. 快照技术

（1）快照技术背景

随着信息技术的发展，数据备份的重要性也逐渐凸显。最初的数据备份方式中，恢复时间目标（Recovery Time Objective，RTO）和恢复点目标（Recovery Point Objective，RPO）无法满足业务的需求，而且数据备份过程会影响业务性能，甚至中断业务。当企业数据量逐渐增加且数据增长速度不断加快时，如何缩短备份窗口成为一个重要问题。因此，各种数据备份、数据保护技术不断提出。

恢复时间目标 RTO 是容灾切换时间最短的策略。以恢复时间点为目标，确保容灾机能够快速接管业务。

恢复点目标 RPO 是数据丢失最少的容灾切换策略。以数据恢复点为目标，确保容灾切换所使用的数据为最新的备份数据。

备份窗口指在用户正常使用的业务系统不受影响的情况下，能够对业务系统中的业务数据进行数据备份的时间间隔，或者说是用于备份的时间段。

快照技术是众多数据备份技术中的一种，其原理与日常生活中的拍照类似，通过拍照可以快速记录下拍照时间点拍照对象的状态。由于可以瞬间生成快照，通过快照技术，能够实现零备份窗口的数据备份，从而满足企业对业务连续性和数据可靠性的要求。

（2）快照技术原理

存储网络工业协会（SNIA）对快照（Snapshot）的定义是"A point in time copy of a defined collection of data"，指指定数据集合在某个时间点的一个完整可用副本。根据不同的应用需求，可以对文件、逻辑单元号（LUN）、文件系统等不同的对象创建快照。快照生成后可以被主机读取，也可以作为某个时间点的数据备份。

从具体的技术细节来讲，快照是指向保存在存储设备中的数据的引用标记或指针，即快照可以被看作详细的目录表，它被计算机作为完整的数据备份来对待。

快照有三种基本形式：基于文件系统式的、基于子系统式的和基于卷管理器 / 虚拟化式的，而且这三种形式差别很大。市场上已经出现了能够自动生成这些快照的实用工具，比如，NetApp 存储设备使用的操作系统，实现文件系统式快照；惠普的 EVA、HDS 通用存储平台以及易安信（EMC）的高端阵列则实现了子系统式快照；而 Veritas 则通过卷管理器实现快照。

常见快照技术有两种，分别是写时复制（Copy On Write，COW）快照技术和重定向写（Redirect On Write，ROW）快照技术。下文以写时复制快照技术 COW 为例描述其原理及使用场景。

写时复制快照技术在数据第一次写入某个存储位置时，首先会将原有的内容读取出来，写到另一个位置（此位置是专门为快照保留的存储空间，简称快照空间），然后再将新写入的数据写入存储设备中。当有数据再次写入时，不再执行复制操作，此快照形式只复制首次写入空间前的数据。

写时复制快照技术使用原先预分配的空间来创建快照，快照创建激活以后，倘若是物理数据没有发生复制变动时，只需要复制原始数据物理位置的元数据，快照创建瞬间完成。如果应用服务器对源 LUN 有写数据请求，存储系统首先将被写入位置的原数据（写前拷贝数据）拷贝到快照数据空间中，然后修改写前拷贝数据的映射关系，记录写前拷贝数据在快照数据空间中的新位置，最后再将新数据写入源 LUN 中。

COW 技术中，源卷在创建快照时才建立快照卷，快照卷只占用很小的一部分存储空间，这部分空间用来保存快照时间点之后元数据发生首次更新的数据，在快照时间点之前是不会存在占用存储资源的，不会影响到系统运行性能，使用方式也非常灵活便捷，可以在任意时间点为任意数据建立快照。

从 COW 的数据写入过程可以看出，如果对源卷做了快照，在数据初次写入源卷时，需要完成一个读操作（读取源卷数据的内容），两个写操作（源卷以前数据写入快照空间，新数据写入源卷空间），读取数据内容时，则直接从源卷读取数据，不会对读操作有影响。如果是频繁写入数据的场景，采用了 COW 快照技术会消耗 I/O 时间。由此可知，COW快照技术对写操作有影响，对读操作没有影响，进而，COW 快照技术适合于读多写少的业务场景。

（3）快照技术特点及应用

快照技术具有如下两方面优点。

1）快照生成时间短：存储系统可以在几秒内生成一个快照，获取源数据的一致性副本。

2）占用存储空间少：生成的快照数据并非完整的物理数据拷贝，不会占用大量存储空间，即使源数据量很大，也只会占用很少的存储空间。

快照技术可应用于以下两个方面。

1）保证业务数据安全性：当存储设备发生应用故障或者文件损坏时可以进行及时数据恢复，将数据恢复成快照产生时间点的状态；另外，快照灵活的时间策略，可以为其设置多个激活时间点，为源 LUN 保存多个恢复时间点，实现对业务数据的持续保护。

2）重新定义数据用途：快照生成的多份快照副本相互独立且可供其他应用系统直接读取使用。例如，应用于数据测试、归档和数据分析等多种业务。这样就会保护了源数据，还赋予了备份数据新的用途，满足企业对业务数据的多方面需求。

5. 克隆技术

（1）克隆技术背景

随着信息技术的发展，数据的安全性和可用性越来越成为企业关注的焦点。20 世纪90 年代，数据备份需求大量涌现。在一些实际应用中，用户需要从生产数据中复制出一份副本用于独立的测试、分析，这种用途催生了能适配该需求的数据保护技术——克隆。克隆技术经过不断地发展，目前已经成为存储系统中不可或缺的一种数据保护特性。克隆技术可以实现用户的如下需求。

1）完整的数据备份。实现了数据的完整备份，数据恢复不依赖源数据，提供可靠的数据保护。

2）持续的数据保护。源数据和副本可实时同步，提供持续保护，实现零数据丢失。

3）可靠的业务连续性。备份和恢复的过程都可在线进行，不中断业务，实现零备份窗口。

4）有效的性能保障。可将一份源数据产生多个副本，将副本单独用于应用测试和数据分析，主、从 LUN 性能互不影响。在多业务并行条件下有效保障各业务性能。

5）稳定的数据一致性。支持同时生成多份源数据在同一时间点的副本，保证了备份时间点的一致性，从而保护数据库等应用中不同源数据所生成的副本之间的相关性。

（2）克隆技术原理

克隆是一种快照技术，是源数据在某个时间点的完整副本，是一种可增量同步的备份方式。其中，"完整"指对源数据进行完全复制生成数据副本；"增量同步"指数据副本可动态同步源数据的变更部分。克隆技术中，保存源数据的 LUN 称为主 LUN，保存数据副本的 LUN 称为从 LUN。

各厂家对克隆技术都有所涉及，要格外注意的一点是，华为技术有限公司开发的数据克隆技术是在同一台设备上的备份，这是与远程复制等比较大的区别。克隆的主要用途是备份主 LUN 数据以供日后还原，或者保存一份主 LUN 在某一时间点的副本，用于单独读写。从这两种用途出发，克隆的实现过程分为三个实现阶段：同步、分裂和反向同步。

6. 远程复制技术

（1）远程复制技术背景

随着各行各业数字化进程的推进，数据逐渐成为企业的运营核心，用户对承载数据的存储系统的稳定性要求也越来越高。虽然企业拥有稳定性极高的存储设备，但还是无法防止各种自然灾害对生产系统造成不可恢复的毁坏。为了保证数据存取的持续性、可恢复性和高可用性，企业需要考虑远程容灾解决方案，而远程复制技术则是远程容灾解决方案的一个关键技术。

（2）远程复制技术原理

远程复制技术（Remote Replication）是一种数据保护技术，指通过建立远程容灾中心，将生产中心的数据实时或者周期性地复制到灾备中心。正常情况下，生产中心提供给客户端存储空间供其使用，生产中心存储的数据会按照用户设定的策略备份到容灾中心，当生产中心由于断电、火灾、地震等因素无法继续工作时，生产中心将网络切换到容灾中心，容灾中心提供数据给生产中心使用。

远程复制可分为同步远程复制和异步远程复制两类：同步远程复制会实时同步数据，最大限度地保证数据的一致性，以减少灾难发生时的数据丢失量；异步远程复制会周期性地同步数据，最大限度地减少数据远程传输的时延而造成的业务性能下降。

各大厂商对远程复制技术都有所涉及，下文以华为技术有限公司的 HyperReplication 为例来解读远程复制技术。HyperReplication 是容灾备份的核心技术之一，可以实现远程数据同步和灾难恢复。在物理位置上分离的存储系统，通过远程数据连接功能，远程可以维护一套或多套数据副本。一旦该地方灾难发生，其分布在异地灾备中心的备份数据并不会受到波及，从而实现灾备功能。

同步远程复制的流程如下。

1）从主机端接收 I/O 请求后，主存储系统发送 I/O 请求到主 LUN 和从 LUN。

2）当数据成功写入主 LUN 和从 LUN 之后，主存储将数据写入的结果返回给主机。如果数据写入从 LUN 失败，从 LUN 将返回一个消息，这就说明数据写入从 LUN 失败。此时，远程复制将双写模式改为单写模式，远程复制任务进入异常状态。

3）在主 LUN 和从 LUN 之间建立同步远程复制关系后，需要手动触发数据同步，从而使主 LUN 和从 LUN 的数据保持一致。当数据同步完成后，每次主机写入数据到存储系统，数据都将实时地从主 LUN 复制到从 LUN。

7.LUN 拷贝技术

（1）LUN 拷贝技术背景

随着各行各业数字化的推进，企业产生了因设备升级或数据备份而进行数据迁移的需求，传统的数据迁移过程是存储系统，应用服务器→存储系统。这种迁移过程具有数据迁移速度慢的缺点，且数据在迁移过程中还会占用应用服务器的网络资源和系统资源。为了提升数据迁移速度，人们提出了 LUN 拷贝技术，待迁移数据直接在存储系统之间或存储系统内部传输，并可同时在多个存储系统间迁移多份数据，满足了用户快速进行数据迁移、数据分发及数据集中备份的需求。相比于远程复制只能在同类型存储系统之间运行的缺点，LUN 拷贝不仅支持同类型存储，而且支持经过认证的第三方存储系统。

（2）LUN 拷贝技术原理

LUN 拷贝是一种基于块的将源 LUN 复制到目标 LUN 的技术，可以同时在设备内或设备间快速地进行数据的传输。如果 LUN 拷贝需要完整地复制某 LUN 上所有数据，此时，需要暂停该 LUN 的业务，LUN 拷贝分为全量 LUN 拷贝与增量 LUN 拷贝两种模式。

全量 LUN 拷贝：将所有数据进行完整地复制，需要暂停业务，该拷贝模式适用于数据迁移业务。

增量 LUN 拷贝：创建增量 LUN 拷贝后会对数据进行完整复制，以后每次拷贝都只复制上次拷贝后更新的数据。这种 LUN 拷贝方式对主机影响较小，从而能够实现数据的在线迁移和备份，无须暂停业务。该拷贝模式适用于数据分发、数据集中等备份业务。

八、关于存储技术的发展趋势分析

从 1957 年开始发明硬盘，1970 年代发明块存储（Storage Area Network，SAN），1980 年代发明文件存储（Network Attached Storage，NAS），再到 2006 年发明分布式对象存储（Object Storage）。从中可以看出，存储技术是不断向上和应用结合的过程，但是这些技术并不是代次的替换，而是场景的扩展，因此即使到现在硬盘、SAN、NAS 技术依旧广泛部署在对应场景中。技术发展过程中，关注技术出现的时间线，可以发现，大约每隔 10 年就会有新技术的出现。

第一，存储的部署和服务场景不同。块存储（SAN）和文件存储（NAS）都是面向数据中心内访问的设备，而对象存储产生的目的根本就不是在数据中心内使用，而是面向互联网、移动互联网（3G、4G、5G）而产生的，为大量使用的网页、视频、图片、音频、文档访问而设计。但在它产生后，为做前向兼容，特别是公共云上被同区域（Region）内的云服务器（ElasTic Compute Service，ECS）访问的场景，也提供了内网虚拟私有云（Virtual Private Cloud，VPC）访问能力。

第二，存储的使用者不同。块存储的使用者是机器，它映射逻辑单元号（Logical Unit Number，LUN）给机器，被机器识别为盘，然后创建文件系统、数据库。NAS 的使用者是办公账号，如 AD（AcTive Directory）和轻型目录访问协议（Lightweight Directory Access Protocol，LDAP）账号，该账号登录 NAS 设备的网际互连协议（Internet Protocol，IP）地址就可以访问共享文件夹，用于办公场景；同时，为了兼容机器的访问，也可以让 AD 中的机器访问 NAS。对象存储的使用者是云账号或者社交账号，通过该账号成功登陆云服务后就可以存储数据了，为了兼顾历史应用，对象存储也兼容 AD 账号接入，以及支持 ECS 关联资源访问控制服务（Resource Access Management，RAM）角色的机器访问。

第三，访问协议不同。块存储（SAN）和文件存储（NAS）是基于数据中心内的协议，如 FC、iSCSI、NFS、CIFS、SMB 协议。而对象存储是基于互联网访问协议，如基于 HTTP/HTTPS 的 S3（Simple Stoage Service）/ 对象存储（Object Storage Service，OSS）访问接口。

总结以下各存储的特点，关键在交互模式上的差别。SAN 是典型的机器交互模式，NAS 是人机交互模式，对象存储是移动互联网交互模式。SAN 的机器交互最简单，就是要求盘时延低、带宽大；NAS 的人机交互需求多，就像人管理图书那样会分门别类（目录）和书名（文件名）、重命名、移动，还有复杂的权限、配额管理等；对象存储的移动互联网交互模式，上面会通过互联网应用对外服务，可以做得比人机交互更简单，因此可采用平坦的名字空间来管理对象，从而没有 NAS 场景下大目录、海量小文件的管理难题。不同的交互模式，大大影响了存储背后的设计哲学，它也是系统设计的源头和根本。

SAN 存储，本质是一块盘，就是一个线性地址空间，在它之上装文件系统、数据库、虚拟机等后，才能让应用更好地使用。它的基础功能特点，是基本读写访问的稳定性，数据保护的高级特性。在未来发展的总体趋势上，全闪存化是稳定、低时延的明显公共需求，而专有云会因性价比需求特别关注重删、压缩技术，公共云则因弹性伸缩的特质会更关注按需获取、可承诺的 SLA 能力。

NAS 存储，本质是企业员工 +IP 地址 + 共享文件夹。其典型场景就是企业办公、媒体编辑、高性能计算等，在 AI 训练中也广泛使用 NAS。它的功能特点主要是围绕目录、文件等基础特性设计，然后是数据保护的高级特性，以及性价比设计。这和 SAN 存储很相像，所以在企业存储领域会把 SAN 和 NAS 融合设计，叫作统一存储。未来，专有云会基于性价比考虑，把硬盘和 Flash 做混合介质设计，支持压缩，支持更高的带宽能力；而公共云上，稳定、低时延的 SLA、弹性、伸缩始终是关键趋势。

对象存储，本质上是云账号通过互联网（或移动互联网）访问网络内容。目前，广泛使用的短视频、图片、音乐等，后面支撑的就是对象存储技术，它为应用提供了全局、全网共享的数据大池子，十分适合作为互联网内容的底层平台。它的功能特点和 SAN、NAS 不同，强调底层 HTTP 稳定性，以及数据的持久度、高可用性，更关注数据生命周期管理，因为对象存储会保存 10 年甚至更久的历史数据，如何用生命周期策略来管理众多历史数据是关键。

　　基于存储技术和趋势的分析，阿里云存储采用了融合架构实现，也是 SDS（Software Define Storage 软件定义存储）架构实现。最底层是基础设施团队提供的通用服务器、网络构建的高性能集群。

第三章 云存储

在大数据、云计算快速发展浪潮下，随着互联网信息爆炸式增长，人们对云存储的需求不断增加，许多云存储产品也随之应运而生。本章主要对于云储存进行详细讲述。

第一节 分布式块存储服务

一、分布式块存储介绍

1. 分布式块存储概述

虚拟化与云平台技术正在引领互联网技术（IT）数据中心的技术发展方向，越来越多的企业采用虚拟化与云平台技术来构建新一代云数据中心，提升数据中心的资源利用率，降低资本性支出（CAPEX）和运营成本（OPEX），提升 IT 业务系统性能，加快业务和应用的上线时间。

虚拟化与云平台技术的发展也给后端的在线存储系统提出更为严峻的挑战，主要体现为如下几个方面。

1. 弹性池化的挑战：云数据中心内为了避免烟囱式的建设模式带来的资源浪费，多租户多应用部署在统一的资源池上，可以分时复用整个存储池的磁盘性能指标（IOPS）、集线器的数据交换能力（MBPS），达到弹性池化的高利用率，这就要求存储池化。

2. 发展规模的挑战：云数据中心内多应用多负载多租户，全部按照虚报化的方式部署在基础设施资源池上，这样就要求基础设施层的存储系统具备优秀的线性扩展能力，存储系统本身是具备高扩展能力的分布式架构。

3. 性能的挑战：随着数据中心内业务和应用数据量的增多，性能要求也越来越高，这就要求存储系统的性能和容量呈线性增加，这往往意味着存储系统的硬盘、CPU、内存要同步增加。另外，随着大数据线上分析处理（Online Analytical Processing，OLAP）类应用的增多，对在线存储的带宽性能要求也会增强，采用分布式架构的存储系统可以达到更大的吞吐能力。

4. 容错和可靠性的挑战：云数据中心应用集中化资源池化后服务器和存储规模都会比较大，需要基础设施具备跨机柜、跨排机柜的故障容错能力；企业 SAN 架构受限于控制器的部署模式，往往无法做到跨机柜、跨排机柜故障的数据安全或者业务不中断。

5.CAPEX 和 OPEX 成本的挑战：云数据中心构建，要求批量通用化的硬件和网络形态，去除专业硬件设备，可以大大降低 CAPEX；另外，在运维上也要求基础设施具备快速部署实施、快速在线扩容和故障部件更换的能力，真正做到类似于互联网公司的小推车每周换硬盘的运维模式，大大降低系统 OPEX。

随着互联网业务的迅速发展，越来越多的厂家将他们的存储系统构建在通用的 x86 服务器上，如谷歌的分布式文件系统（Google GFS）、Amazon 的 S3 等。开源社区也贡献和发展了很多基于通用 x86 服务器的分布式存储系统。这些商用和开源的分布式存储系统，主要集中在文件存储和对象存储上，可以满足对带宽和吞吐要求比较高的应用，但是无法满足大量随机 I/O 和时延敏感型的应用，如虚拟桌面基础架构（Virtual Desktop Infrastructure，VDI）、企业资源计划（Enterprise Resource Planning，ERP）、数据库线上分析处理（Online Analytical Processing，OLAP）和联机事务处理（On-Line Transaction Processing，OLTP）之类的企业在线应用。

这些应用会产生大量随机 I/O，并且对时延要求高，通常需要运行在块存储上（如 SAN，Storage Area Network）。随着虚拟化/云平台深入企业数据中心，基于通用 x86 服务器的分布式块存储系统可以很好地解决上述五大挑战，同时解决时延需求。

2. 分布式块存储应用场景

目前很多互联网公有云厂家在构建自己的弹性计算云（如 Amazon 的 EC2，阿里云的 ECS 等）时，都倾向于采用通用的 x86 服务器和 Internet 网络来构建，其中的弹性块存储服务作为租户虚拟机的底层存储，可使硬件形态标准化、通用化、可线性扩展，建设成本低并且维护便捷。

很多大型企业在建设自己的私有云时，会参考互联网公有云的技术架构，采用通用 x86 服务器和 Internet 网络，通过分布式块存储软件来构建其中的存储资源池，作为私有云的底层存储系统，满足数据库集中化、数据量大幅增长的需求。

适合分布式块存储系统的应用场景具体如下。

（1）虚拟化/私有云资源池

一般用于运营商、金融、石油、各大中型企业建立自己的私有云资源池。其典型特点是：性能线性扩展良好、容量共享、精简分配、应用性能共享分时复用、成本性价比高。

（2）公有云存储资源池

一般用于运营商建立公有云系统，作为公有云中的弹性块存储系统。其典型特点是：多租户不同服务级别协议（Service Level Agreement，SLA）等级要求、多应用混合负载、性能和扩展性强、成本性价比要求高。

（3）数据库（OLAP/OLTP）应用资源池

运用于企业数据库资源池场景。其典型特点是：大开发吞吐量和大量随机 IOPS，存储性能和时延要求高。

二、分布式块存储功能和特点

1. 分布式块存储的大规模横向扩展、线性扩展

通用 ×86 服务器的分布式存储，其主要的优势之一是通过分布式软件达到比较好的横向扩展能力。大规模线性扩展也是分布式块存储系统首先要解决的关键技术之一。

横向扩展的分布式存储技术大体上分为两类：一类是将数据分片，通过元数据方式记录不同分片的位置，来达到横向扩展；另一类是将数据分片，通过类似 DHT 的算法来计算出数据分片的位置，从而达到线性扩展。这两种技术，不同的厂家有不同的实现方式，有些厂家的产品是这两种技术的结合。

（1）通过元数据方式实现横向扩展

通过元数据记录方式实现横向扩展的，如 Google GFS 和开源 HDFS 这类分布式存储系统，将数据切成较大的分片，这样数据分片对应的元数据占用较少，可以缓存在集中的某个或者是某几个元数据节点的内存中，实现数据的快速查找和定位访问。

这类技术用在分布式文件系统和对象存储等要求大块吞吐的场景下比较合适，但是用在分布式块存储系统中，会存在一定的问题：一是数据切片过大（如 HDFS 默认的 64MB），如果上层的块存储应用在这个 64MB 内形成了随机 I/O 热点，那么性能就会比较不理想，因为这些随机 I/O 在底层全部落到了某个硬盘上；二是如果将数据切片变小，则元数据就无法放入内存中，每次 I/O 访问的时候都要进行元数据查找，这个对块存储 I/O 的时延影响极大，虽然可以通过在应用侧缓存元数据的访问来避免每次跨网络的访问开销，但是仍然是无法满足块存储 I/O 对时延苛刻的要求，所以这种技术架构的系统一般主要运用于大块 I/O 的场景会比较合适。

（2）通过 DHT 等 Hash 方式实现横向扩展

通过 DHT 等哈希（Hash）方式实现横向扩展，如华为的 Fusion Storage 和开源的 Ceph，将数据切片成较小的分片，通过数据地址计算 Hash key，映射到存储节点硬盘上，实现数据的快速路由和访问。DHT 等 Hash 算法实现的分布式系统，具有以下特点。

1）自动负载均衡：数据能够尽可能均衡分布到所有的存储节点中，这样可以使得每个节点负载均衡，不会出现系统热点和瓶颈；当有新节点加入系统时，系统自动完成数据均衡，将新节点的空间和性能都均衡利用起来。

2）时延低性能好：通过特定的 Hash 算法，将数据分片编址，通过一定的规则计算出各数据片的位置，从而避免元数据的查找。可以降低 I/O 时延，加快读写访问的速度。

3）线性扩展能力强：系统不会随着总容量的变大而变慢，不管系统总容量变得多大，Hash 计算和路由的数据都不会增大，所以可以做到大规模的容量和性能的线性扩展。

2. 分布式块存储的性能和时延

衡量一个分布式块存储系统整体性能和时延的要素，可以分解为以下几个方面。

（1）Round delay：网络上消息往返次数，即应用层的一次读或写请求，需要底层分布式存储多少次的网络消息往返才能完成。每次跨网络消息交互都会增加响应时延，降低性能，所以对于分布式存储系统而言，越少的网络消息往返，就意味着越好的时延表现。

（2）Messages：网络上消息的总数，即应用层的一次读或写请求，总共需要分布式存储层多少条消息交互才可以完成。这个计算的是消息总条数，和 round delay 的消息往返次数有区别。每种网络都有一定的 pps，如果上层的一个读写请求，消耗越多的网络 pps，也就意味着整个系统最终可以达到的 IOPS 越少。

（3）Disk reads：读磁盘次数，即应用层的一次读或写请求，需要读多少次磁盘 I/O 才能完成。应用层的一次读写请求，消耗越多的磁盘读，也就意味着整个系统的 IOPS 越低。

（4）Disk writes：写硬盘次数，即应用层的一次读或写请求，需要写多少次磁盘 I/O 才能完成，应用层的一次读写请求，消耗越多的磁盘写，也就意味着整个系统的 IOPS 越低。

（5）NVM reads：NVM cache 介质读的次数。应用层的一次读或写请求，需要读多少次 NVM Cache 介质才能完成。此处的 NVM cache 介质并不特指 SSD cache、NVDIMM cache 或 DRAM。应用层的一次读写请求，消耗越多的 NVM cache 介质读，也就意味着整个系统的 IOPS 越低。

（6）NVM writes：NVM cache 介质写的次数，即应用层的一次读或写请求，需要写多少次 NVM Cache 介质 I/O 才能完成。应用层的一次读写请求，消耗越多的 NVM eache 介质，也就意味着整个系统的 IOPS 越低。

（7）Network b/w：网络带宽消耗，应用层的一次读或写请求（如 4K，8K 等），需要消耗掉多少网络带宽。消耗带宽越多，意味着整个系统的 MBPS 越低。

上述七点，基本上可以决定一个分布式存储系统的性能和时延到底可以达到什么程度。

3. 分布式块存储的数据冗余保护和可靠性策略

分布式块存储系统通常都会采用多副本的方式进行数据冗余保护，也有些少量系统会尝试采用跨网络的纠删码（Erasure Code）进行数据冗余保护。多个副本之间需要保证数据的一致性。当应用程序成功写入一份数据时，后端的几个数据副本内容必然是一致的，当应用程序再次读时，无论是在哪个副本上读取，都是之前写入的数据，这种方式也是分布式块存储系统必须做到的。业界也有很多采用最终一致性的分布式集群技术，如 Amazon Dynamo 介绍的 NRW 机制（N 表示存储的副本数、W 表示返回写成功必须写入的副本数、R 表示返回读成功必须读取成功的副本数），在 R+W ≤ N 的时候，这类分布式数据一致性集群技术无法满足数据库、VM/VDI 等场景的要求。

分布式块存储需要考虑硬盘故障、服务器故障和机柜故障，特别是在大规模数据中心中（如公有云），机柜级的故障比较常见。在机柜级电源故障、机柜级交换机故障时都会导致整个机柜，甚至几个机柜的服务器无法访问，分布式块存储系统需要能够容忍这样的故障，确保数据不丢失，仍然可以访问。

分布式存储的数据重建速度要求很高，数据被切片，多个副本被分散到不同的存储服务器上，当发生某台服务器故障的时候，往往就意味着大量的磁盘不可访问，在没有人工参与更换的时候，系统需要自动把这台服务器的故障数据快速重建在其他服务器上，保证系统的副本数足够，防止发生双点故障。这就要求分布式块存储系统的重建不能像传统的多盘 RAID 组一样缓慢，需要把数据分散重建到除故障服务器外的尽可能多的不同的服务器上，通过多服务器并发重建来加快速度。

分布式存储也需要处理硬盘坏扇区的数据修复，比如多个副本上某个副本的扇区出现故障，但是硬盘是好的，此时如果正好读到这个扇区的数据，需要能够从其他副本把好的数据读过来修复这些故障扇区。

4. 分布式块存储的高级功能

分布式块存储，和 SAN 一样，也需要提供常用的高级存储功能，比如快照、分配、链接克隆、SSD Cache 或分级等，这些都是在虚拟化、云平台场景下比较常用的功能。

分布式块存储系统的快照，就是数据分散在如此大规模的集群中需要一起打快照点，而且性能也不能随着快照点的增多而下降。一般而言，采用元数据索引方式的分布式存储，做快照的时候会在元数据上打快照点，如 GFS；采用 Hash 等方式的分布式存储，一般会在各存储节点的数据层上打快照点，如华为的 Fusion Storage。不管哪一种方式，都需要解决秒级快照和同时打快照的问题。秒级快照，就是打快照的时候速度快，不会发生真正的数据拷贝，有些系统仅拷贝一份元数据就可以实现，有些系统仅作一个快照标记就可以完成。打快照就是在分布式块存储的各节点上同时打快照，保证快照时的数据一致性，相比 SAN 在控制器中打快照会复杂些，特别是在没有元数据的分布式存储架构中，需要考虑采用什么样的机制才可以做到多个节点上快照的一致性。

分布式块存储的链接克隆，和快照是一个原理，一般都是基于快照来实现。一个母卷，克隆出多个链接克隆卷，刚创建出来的链接克隆卷和母卷数据内容相一致，但是数据只有一份，后续针对克隆卷的修改不会影响原始的快照和其他克隆卷。分布式存储系统通过支持批量进行虚拟机卷部署，可以在秒级批量创建上百个虚拟机卷。克隆卷继承普通卷所有功能，克隆卷可支持创建快照，从快照恢复以及再次作为母卷进行克隆操作。

分布式块存储系统的瘦分配，和 SAN 一样是为了在多租户和多应用之间按需弹性共享存储空间，从而提高存储系统的空间利用率。分布式存储系统在存储节点上都会有针对硬盘空间管理的文件系统或者 K-V DB，上层应用的卷的有效数据分散到各个存储节点的时候，会被这些文件系统或 K-V DB 进行索引管理和空间块分配，当卷被删除的时候，这些索引和空间块又会被删除，以便于给其他卷提供使用。对于应用卷，没有写入数据的 LBA 在底层存储节点是不可能会被分配空间的。

第二节　分布式对象存储服务

一、分布式对象存储介绍

Amazon Simple Storage Service（Amazon S3）、OpenStack Swift、Huawei OceanStor UDS 等分布式对象存储具备安全、耐久且高扩展性的特点。它们提供简单的 web 服务接口，用于在 web 上的任何位置存储和检索任意数量的数据，支持按照实际使用存储量付费的机制，一般采用标准的 REST 和 ISOAP 接口访问，下载协议采用 HTTP（默认）和 BitTorrent 协议。

二、分布式对象存储功能和特点

对象存储的基本概念具体如下。

1. 桶（Bucke）

它是存储对象的容器，每个用户可以创建 100 个桶，所有用户的桶名不能重复；桶也用于计费、权限控制等功能。

2. 对象（Object）

它是存储数据的基本单位。用户可以读、写、删除包含 1 byte 到 5 TB 数据的对象，用户可存储的对象数量没有限制，对象包括对象数据和元数据。元数据是一组"名（key）-值（Value）"对，用于描述对象的属性：包括一些默认的属性，如最后修改日期和标准 HTTP 头域（如 Content-Type）。开发人员还可以指定在当时的对象是存储自定义元数据。每个对象都存储在一个 Bucket 中，并通过唯一由开发者指定的 key 来读取。

3. 对象存储的主要应用场景如下

（1）内容存储与分发

对象存储可为 web 应用、媒体文件等提供高持久性、高可用性的存储支持，随着应用数据的增加，可以随时动态扩展存储空间。

（2）大数据分析

对象存储十分适合存储某些应用场景的原始数据内容，例如制药分析数据、用于计算和定价的金融数据，或用于处理的相片等。

（3）备份、归档与灾难恢复

对象存储为用户的关键数据提供了高持久性、高扩展性以及安全的备份和归档方案。

三、业界分布式对象存储技术

1.OpenStack Swift

（1）Swift 简介

Swift 的设计初衷是用低廉的成本，来存储容量特别大的非结构化数据。它支持多租户，具备高扩展性和高可靠性。它可以适应市面上几乎所有的业务规模，大到提供公有云海量存储服务，小到科研组织。典型的应用场景是存储非结构化的数据，如文档、网页内容、备份、图片和虚拟机快照、镜像等。它最初是由 RackSpace 公司开发，在 2010 年贡献给 OpenStack 开源社区。依托目前 OpenStack 开源社区成百上千的参与公司和开发人员，Swift 的发展速度非常快。

有别于传统的文件系统和块存储设备，Swift 使用容器来管理对象，允许用户存储、检索和删除对象以及对象的元数据，而这些都是通过用户友好的 RESTful 风格 API 来实现。这类接口非常易于使用和获取，开发人员可以使用 HTTP 客户端直接发起请求到 Swift，也可以用丰富的 SDK 来辅助发起请求，目前社区已经有支持各流行的编程语言的 SDK，如 Java、Python、Ruby 等。

（2）关键特点

1）高扩展性

Swift 被设计成随着用户和数据规模线性扩展的架构模型，即在业务量小的时候，可以只用很少的节点即可满足，当业务不断增长时，只需要增加节点即可，随着请求数量和节点数量的增加，系统的响应时延并不会降低。

2）高可靠性

Swift 创新的分布式架构为高可靠性的存储提供了保障。为了保证对象持续可用，Swift 将对象进行了副本拷贝，并且在整个集群中分布副本。后台审计进程会及时校验多副本的一致性和副本数，当出现节点或者对象读取异常时，可以从其他副本恢复数据。Swift 集群不会因为单点故障而影响整个集群，由集群的去中心化架构设计保证了这一点。

3）多区域

Swift 可跨多个数据中心，一方面可以从每个区域访问数据，以提供数据的高可用性，另一方面可以指定一个区域作为一个灾难恢复站点。区域通常指定地理边界，如在不同城市的数据中心，提供了更高的数据可靠性保障。

4）高并发性

Swift 在架构上采用无中心节点的设计。节点之间无共享数据，因此 Swift 可以利用所有可用的服务器容量和性能优势，同时处理多个请求。这增加了系统的并发性和总吞吐量。

5）开发者友好

Swift 有着越来越多贴近应用的特性，让应用开发者和最终用户能非常方便地访问数据。

下面介绍一下功能。

①支持网站静态数据托管。用户可以将网站的静态资源（客户端脚本、图片、下载文档等）托管到 Swift 中。另外，Swift 还支持自定义错误页和自动生成目录文件列表。

②自动删除过期数据。可以针对对象配置定期删除，可以针对对象存放的时间和过期时间进行删除。

③临时 URL。临时对某些对象进行授权读写，而不需要额外的用户认证过程。这样当需要对外界共享数据时，并不需要提供完整的用户证书就可以实现。

④配额。可以对账户进行配额限制。

⑤直接从 HTML 表单提交数据。支持从 HTML 表单提交数据。

⑥多版本支持。支持对象的历史版本记录，用户在修改对象时，可以指定生成一个新的版本的对象，而保留原有的版本。

⑦支持 HTML 分块传输。在事先不知道对象的大小时，用户可以使用 HTML 的分块传输编码特性来上传数据。

⑧多段读取。用户可以获取对象的一个或者多个分段数据。

⑨访问控制列表。用户可以通过授权设置来将对象授予其他用户访问权限。

⑩定制化开发。基于 WSGI（Web Server Gateway Interface）中间件架构让开发者可以开发自己的中间件，并直接投放到 Swift 系统上运行。

（3）架构介绍

Swift 分为三层数据模型，即 Account、Container 和 Object。Account 划分了不同账号的名字空间，同一个 Account 内，Container 不能重名，不同的 Account 可以有同名的 Container。

支撑起前端对象存储业务的进程主要有 Proxy Server、Object Server、Container Server 和 IAccount Server，其中 Proxy Server 主要完成对接入请求的鉴权、缓存和分发处理。其中鉴权完成的工作是从请求中提取令牌（token）信息，到鉴权服务器去校验该 token 是否有效。对于鉴权通过的请求，准确识别该请求需要操作的资源类型为账户、容器和对象。账户、容器和对象存储在分布式的集群上面，这三类资源各自有一个集群，每一个集群都是独立的，各自有一个一致性 Hash 环来维护。Proxy Server 也可以部署在多个独立的节点上面，以实现运行负载均衡。Proxy Server 根据资源的键值（账户名、容器名和对象名）定位到 Hash 环中的具体节点，然后构造 RESTful HTTP 请求到具体的节点，实现请求的分发。

Swift 主要使用一致性 Hash 技术来保证数据的分布式完整性。最新的 Swift2.0 版本已经扩展了集群的实现方式，不再是单一的集群来构成 Swift，而是可以自定义多个集群，特定集群可以区分存储的区域、存储硬件。例如：将 SSD 硬件组建一个集群，在创建桶的时候通过 Storage Policy 来指定当前桶使用特定的存储集群。Updater、Replicator 和 Auditor 进程构成了后台数据一致性保证体系。

对于业务进程 Proxy、Account、Container 和 Object Server 进程都遵循 WSGI 的堆栈式结构，其进程的组成分为中间件和 Server 两部分。每一层的分工都十分清晰，处理完成后交给下一层继续处理。开发者可以根据需要开发和定制中间件，如本地认证和 Keystone 认证分别对应着两个中间件，在安装时，可以根据需要配置不同的中间件，实现不同的软件行为，这也是软件定义存储的重要价值。

Swift 本身基于 XFS 文件系统实现了数据在系统硬盘的存储。与此同时。Swift 也可以支持可插拔的后端存储介质，甚至可以将 Swift 的 Object Server 进程运行在独立介质上，如 IP 硬盘上面。Objeet Server 后端通过"可插拔"的软件接口实现对接 IP 硬盘等存储介质，前端保持与 Swift 内部的交互接口。

2. 华为 OceanStor UDS（Universal Distributed Storage）

（1）UDS 简介

UDS 海量存储系统基于低功耗、高密度存储节点的 ARM 架构，通过对象存储、分布式存储引擎、集群应用等技术，构建海量对象存储基础架构平台。UDS 对外提供各种类型数据的存储及共享服务，可以支撑多种云存储解决方案，提供网盘、云备份、空间租赁、近线数据仓储、统一备份等应用。UDS 具有更大的存储容量、更高的扩展性能、更可靠的数据安全、更低的建设和运维成本特性。

1）UDS 采用业界先进的 Scale-out 分布式存储架构和 DHT Distributed Hash Table，分布式哈希表）算法，匹配海量数据存储。

2）对外提供兼容 Amazon S3 接口，支撑多业务承载。

3）提供多副本，Erasure Code 等多种数据保护技术，提供多层次的数据保护。

该产品具备 EB（Exabyte）级扩展、安全可靠和高效融合的特点，适用于海量数据存储和集中备份应用场景，UDS 可以为客户带来大容量、高可靠、易维护、易扩展的价值。

（2）UDS 产品形态

UDS 整体产品形态包括了两部分，分别是接入节点和存储节点，接入节点负责数据的调度，上层业务的数据请求通过它分发到存储节点；存储节点负责数据的存储。两者均采用高可用集群部署，分别是业务集群和存储集群，以满足海量数据需求。

（3）UDS 关键特点

1）EB 级扩展

UDS 是以可伸缩的、一次寻址的 DHT 环算法（Distributed Hash Table 分布式哈希算法）技术为根基。通过去中心化架构、无状态接入节点集群技术、元数据散列存储技术等关键技术构建而成，可灵活扩展至 EB 级容量的海量对象存储系统，为用户提供随品而变的存储容量。

UDS 接入节点以集群方式组网，基于对象存储技术和次简单寻址的分布式哈希算法，接入节点与存储节点之间的松耦合关系使得接入节点成为无状态服务节点，任何服务请求都可以通过负荷分担机制由任一接入节点提供服务，不存在传统存储由于状态同步、锁定机制导致的接入节点数目造成扩展瓶颈，因此接入节点集群内的节点数目理论上可以无限扩展，支撑 EB 级容量不存在架构上的瓶颈。

UDS 支持多数据中心跨地域统一调度与灵活管理，从几十 TB 到 EB 级按需扩容，满足不同规模用户需求。系统在多数据中心部署情况下，UDS 可支持跨地域的同步、随 SLA 可灵活定制的副本数策略以及就近接入服务等，从可扩展性、可靠性、可运营性等多维度进一步夯实 EB 级海量存储系统的构建、部署及应用基础。

2）智能硬盘

UDS 存储节点也被称为智能硬盘，它是由单个硬盘加上低功耗 ARM 芯片、内存及以太网接口组成的。每一个智能硬盘都以独立的 IP 地址接入交换机，组成分布式全交叉互联网络，通过增加智能硬盘可实现硬盘级最细粒度的扩容。

每一个智能硬盘提供既定的存取吞吐量，在全对等点对点的访问机制下，系统总吞吐量都将随着容量的扩展呈线性增长。

3）安全可靠

UDS 对外提供对象存储接口（兼容 Amazon S3 接口），与 Amazon S3 相同，支持数据传输过程中采用安全套接层（Secure Sockets Layer, SSL）加密，支持访问控制列表（Access Control Lists，ACL）、存储桶策略（Bucket Policy）、身份识别访问管理（Identity and Access Management，IAM）策略等多种方式管理权限，支持临时授权，并且支持多版本等功能增强数据的可靠性和安全性。

UDS 支持灵活配置数据的存储策略。存储策略决定了数据的可靠性、可用性、安全性和空间占用，当用户向 UDS 发送读写请求时，UDS 的接入集群从用户服务器读取用户配置，据此确定数据的存储策略。

4）UDS 支持多副本的存储策略。采取该策略的数据，将会被复制为多份完整的数据副本。每个副本存储在同一存储集群中不同的物理存储节点上，即使某个数据副本完全损坏或丢失，用户仍能正常访问其余的数据副本，因此，数据具有较高的冗余度和可靠性，同时也占用较大的空间。

5）UDS 支持纠删码（Erasure Code，EC）的存储策略。采取该策略将以纠删码（Erasure

Code，EC）技术产生部分冗余的数据。如果数据的一部分损坏或丢失，UDS 能够利用冗余的数据重建并修复损坏数据。应用该策略时，数据具有相对高的可靠性，但空间占用大幅度降低，是可靠性和经济性的平衡。

6）UDS 支持将数据存储在不同的数据中心，以实现数据的跨地域容灾。多数据中心策略以桶为单位进行设置。对于一个应用该策略的桶，UDS 的接入集群除了将桶中数据写入本地的存储集群，还会将其数据副本写入其他数据中心部署的 UDS 系统中。

给予多种灵活的存储策略，UDS 提供多层级的数据完整性保护措施，支持四级的数据修复功能，分别包括磁道级、分片级、对象级和数据中心级。通过数据完整性保障，有效提高了系统端到端的数据持久性保障。

7）绿色节能

服务器、网络设备近乎消耗了数据中心的一半能源，而存储系统则是另一大能源消耗者，存储设备的增多必将会增加占地空间及机房功耗。

UDS 海量存储系统的存储节点为 4U、75 盘位，采用 ARM 芯片与 4TB 企业级硬盘一一对应，单节点 300TB 的容量，单机柜可以达到 525 块盘。2.1PB 的存储容量，相同计算 / 存储能力的 CPU 功耗及设备面积较 x86 设备均降低一半，平均功耗仅仅为 4.2W/TB，在业界首屈一指。

同时，使用 CPU 智能降频、风扇智能调速等技术，使空闲的存储单元处于低功耗状态，有效降低能耗；对周边环境的影响，由于高密低功耗的设计，使得机房整体能耗相比传统存储设备降低 45%。UDS 通过多层面的节能积累，为客户构建全方位的节能解决方案。

8）开放接口

UDS 的接入集群对外提供标准的 S3 协议接口，拥有丰富的 S3 生态系统（工具、开发包、第三方软件集成）支持。

通过开放接口，UDS 改变以往存储封闭的形象，把存储空间通过接口形式展现给客户，可承载多种业务接入。只需要按照标准协议接入，应用就可以使用底层存储空间，而不用关心数据的存储位置和存储形式。同时，作为多业务承载基础的多租户及多实例的架构体系，可以在保证安全性、可靠性的情况下为客户提供不同级别的 SLA 及 QoS 服务，形成多种场景下具有竞争力的解决方案。

（4）UDS 应用场景

1）海量资源池解决方案

UDS 提供了海量资源池解决方案。该方案面向种类繁多的上层业务，为客户提供存储多种类型业务数据的需求，帮助客户解决海量数据存储，匹配高可靠的问题，同时帮助客户避免维护多套不同的存储设备和网络。降低总体拥有成本（TCO），摆脱复杂的管理工作，聚焦在业务本身，创造更大的价值。

2）集中备份解决方案

备份，一直是数据保护的一种重要手段，被广泛应用于各种应用场景和多个垂直行业，备份介质形态也各有不同，从传统的磁带、虚拟带库到光盘、磁盘阵列，人们在享受备份对数据高可靠性保障的同时，也深受现有备份产品的困扰。

①恢复数据不方便：恢复数据只能够更新到上次磁带备份的程度。

②容量低：磁带库容量有限，虚拟磁带库该问题更明显。

③扩展难：磁带库和虚拟磁带库扩展有上限，除非新购买设备。

UDS 备份解决方案通过海量存储设备匹配上层备份软件，满足了客户提供海量数据备份的需求，同时内部丰富的数据可靠性机制为客户提供高安全保障。该方案经济、高效、易管理，帮助客户节省开支，创造价值。

3）网盘解决方案

网盘解决方案是基于 IP 网络利用对象存储技术为终端用户提供在线存储服务。该方案满足低成本、弹性扩展、大范围整合能力等需求，通过丰富的在线存储业务打造以用户为中心，安全、方便、高速、大容量的个人数据中心，为企业用户提供安全可靠、经济实用、快速部署的生产、办公协同的网盘服务。

第三节　分布式队列服务

一、分布式队列介绍

在计算机科学中，消息队列是个常用的通信部件，它允许消息的生产者把消息存储在队列中，消费者在适当的时候取出处理。相比一般请求—响应的处理模型，消息队列的存在使得生产者和消费者的处理可以是异步的，消费者的处理速率不用跟生产完全一致；在极端情况下，生产者和消费者进程没有必要同时存在；一个进程可以发送一个消息并退出，而该消息可以在数天后才被另一个进程获得。总体而言，由于消息队列的缓存功能，使得生产者和消费者的处理可以是解耦的，这给软件结构设计带来了很大的灵活性。

消息队列最先用于计算机内部的进程间通信或线程间通信。在后来的软件工程实践中，随着分布式技术的发展，消息队列逐渐变成了独立部署的软件组件。特别是在于云平台环境下，它成为不同服务之间消息通信和同步的关键技术；基于云平台的可靠性要求，需要队列服务提供持久化存储能力，并且能够容忍存储的单点故障，从而实现持久化存储的分布式队列服务。

二、分布式队列功能和特点

在任务队列场景中，我们不关心保序、多消息分发等特性，但是我们需要关心消息的持久性、重试、互领等特性，针对任务队列提供了以下特性。

1. 任务锁定

运用可见性窗口解决任务锁定的问题。当一个消费者处理一个消息时，该消息在一定时间内对其他消费者不可见，避免冲突。

2. 重试

任务处理失败时要能够支持重试。通过可见性窗口支持重试，正在处理的消息不会从队列中删除只是不可见，消费者处理完成后才会删除。如果消费者故障导致处理超时，消息会在队列中重新可见，可以被别的消费者处理。

3. 数据可用性

因为作业队列处于系统架构的中心地位，消息队列服务器服务必须总是可用，消息队列服务器节点故障也不能导致消息丢失。

4. 消息缓存时间

一般作业粒度较大时，处理时间会比较长，所以在队列里面停留的时间也很长。

5. 性能

典型如可以支持每个用户 200 消息 / 秒的处理速率，时延在 2~10 秒之间。在任务粒度较大、写入间隔较长时，特别需要支持 PUSH 模式（服务端主动发送数据给客户端），否则消费者可能会为此需要花费大量的时间检查消息是否到达。

三、业界分布式队列功能和特点

1.RabbitMQ（开源消息代理软件）

基于高级消息队列协议（Advanced Message Queuing Protocol，AMQP）模型的通用消息队列在企业应用和云平台中得到广泛应用，RabbitMQ 是其中一个最为典型的代表。

（1）RabbitMQ 概述

RabbitMQ 是基于 Erlang 语言编程、支持多种消息协议的开源消息队列实现，开源的 License 是 MPL（Mozilla Public License）。它在主要的开发语言上都有客户端支持，包括 Java、node.js.Erlang、PHP、Ruby、net.C/C++.Haskel 等，甚至包括 Cobol。

RabbitMQ 最先发布于 2007 年 2 月，RabbitMQ 最初是由 Rabbit 科技有限公司开发，并提供支持。Rabbit 科技是 LSHIFT 和 CohesiveFT 在 2007 年成立的合资企业，2010 年 4 月被 VMware 旗下的 SpringSource 收购。RabiMQ 在 2013 年 5 月成为 GoPivotal 的一部分。

（2）RabbitMQ 架构和功能

RabbiMQ 遵循 AMQP 模型。在 AMQP 模型中，消息队列服务器（broker）包括 exchange 和队列两个部分，消息首先被生产者一侧的客户端发布到 exchange，然后

exchange 把消息的拷贝发送到一个或多个队列。exchange 向队列分发消息的规则被称为绑定（binding）。最后，消息要么被消息队列服务器推送到订阅了相应队列的消费者，或者消费者按照需要从队列中取出消息进行处理。

RabbitMQ 的最大特点是遵循 AMQP 模型，在生产者侧显式地支持 exchange，可以实现消息的路由。RabbitMQ 支持 AMQP 模型中几乎所有的路由方式。

1）缺省路由：用队列名作为 rouing key 进行路由。

2）fanout：一份消息复制多份，发送到每个绑定到 exchang 上的队列中。

3）Topic 路由：基于 routing 和四配模式进行路由。

4）Headers 路由：基于消息头进行路由。

消息队列是基于缓存的异步通信组件，支持路由凸显了 RabbitMQ 的通信功能。在消费者侧，RabbitMQ 支持 Pull 和 push 两种消息递交方式。在 pull 方式下，消费者通过 basic.get 方法主动获取消息，在 push 模式下，消费者通过 basic.comsume 方法订阅消息，broker 通过 basic.deliver 方法向消费者推送消息。

用户可以设 RabbitMQ 的消息是否持久化，但是 RabbitMQ 不是为持久化设计的，一般情况下消息存放在内存中，只有在缓存溢出和考虑数据可靠性时才会持久化，持久化会导致性能明显下降（RabbitMQ 的官方测试数据，性能会下降到原来的 1/10）。

随着用户对性能和可用性的需求不断增长，RabbitMQ 在最近的版本中也添加了集群和复制特性。通过集群功能可以把多个 RabbitMQ 服务器组成一个逻辑的 broker，在支持复制特性时，消息被复制到多个 broker，单个节点失效的情况下，整个集群仍旧可以提供服务，但是由于数据需要在多个节点复制，在增加可用性的同时，系统的吞吐量会有所下降。

2.Apache Kafka

（1）Kafka 概述

Apache Kafka 最先是由 Linkedln 开发，之后开源为 Apache 的一个项目（2011 年）。目前的最新稳定版本是 0.8.1。它一开头就被设计成了一个分布式、可扩展、缺省、支持、持久性、高吞吐量的消息系统，但它的很多概念也与传统的消息队列系统不同。目前可见的主要应用是在大数据领域，作为实时数据和离线分析的数据源使用。

（2）Kafka 架构和功能

在 Kafka 中，消息按 Topic 分类，每个 Topic 又分为多个 partition，每个 partition 是一个有序的队列。生产者产生的消息发生到 broker，缓存到其中一个 partition 中，partition 中的每条消息都会被分配一个有序的 id offset。

Kafka 是典型的分布式架构。Kafka 中的生产者、消费者和中间缓存消息的 broker 都可以是多个。Kafka 通过 zookeper 集群监控 broker 的状态，完成 partition 到 broker 的分布。用户需要自己提供一个函数计算某个消息发送到哪个 partition，为了实现消息的可靠保存，通常一个 partition 会在多个 broker 上复制多份。

由于 Kafka 主要用于处理大量日志数据，它具备了以下几个异于传统消息队列的特点：

1）高吞吐量。Kafka 通过支持批量处理和横向扩展功能，通常可以获得传统队列 5 倍以上的吞吐量。

2）同时支持在线和离线处理。传统消息系统，系统一旦缓存满，产生大量写盘操作，性能就会急剧下降，Kafka 支持持久化。

3）独特的 pull 机制，处理完的消息在 broker 不会立即删除（后续通过定时机制删除），只是消息偏移量增加（消费者需要自行维护已经读取的消息偏移量）。当消费者需要重新处理已经处理过的消息时，只需要回退偏移量即可。基于 Kafka 也很容易实现消息的 fanout，多个消费者只需要维护各自的偏移量，一个消息就可以被多个消费者各自处理，效果等同于一条消息复制了多份。

此外，Kafka 也支持可靠的日志存储功能，通过保存的日志保留系统在时间轴上的历史状态，还支持日志压缩（根据主键进行细粒度的 log 压缩，同一个主键只有最新的 log 被保留）。消费者（consumer）从偏移地址开始进行修复，直至找到最后的有效记录偏移地址，从而完成基于日志存储的恢复。

Kafka 原生支持集群和内部复制（数据多副本）。Kafka 的数据缺省是持久化的，但是只持久化到文件系统的 page cache（内存）。结合集群和故障复制，单点故障将不会导致数据丢失，但是集群故障、下电将无法有效地避免数据丢失。

（3）Kafka 应用分析

Kafka 可以作为企业中的数据总线使用，需要分析的数据首先汇总缓存到 Kafka，然后数据分析程序再按需取出使用。由于 Kafka 的存在，用户不再需要在 m 个数据源和 n 个数据使用者之间建立 m×n 个数据管道，从而极大地简化了数据分析的架构。

除了用作数据总线之外，Kafka 还可以作为可靠的日志存储使用，支持以下设计模式。

1）Event Sourcing 把状态的改变用日志的形式记录在消息队列中。可以恢复到任意时间点的状态，类似存储设备中的连续数据保护。

2）Commit Log。节点把从初始状态（或某个 Check Point）起所有的改变以 Commit Log 记录在消息队列中；当节点故障重新恢复时，从消息队列中取回并重新 Commit Log，恢复节点状态。

3. 分布式队列趋势

消息队列最初是计算机内部的 IPC 通信机制，在软件工程实践中发展成独立的软件部件，通过异步通信为分布式软件架构提供解耦机制。

面对互联网应用高度变化的载荷，消息队列跟云平台技术结合，为用户提供处理突发载荷变化的机制。面对大数据处理的要求时，消息队列增加了大容量存储和高吞存取的能力，能够同时支持用户的在线和离线数据处理。

最后，通过消息队列的服务化，这些能力得以通过云服务的方式呈现给用户。用户无须建设自己的消息队列基础设施，通过与其他用户共享资源和服务的方式有效降低了资本性支出和运营成本。在这样的发展过程中，大规模、分布式、消息可靠存储、多租户支持也逐渐成为消息队列的基本要求。

第四节　分布式存储系统的可靠性

一、分布式存储系统可靠性介绍

可靠性是指系统在一定条件下一段时间内维持其能力水平的属性，一般通过可靠度、失效率、平均无故障间隔等进行评价。在分布式存储系统中，一般包括存储服务可靠性、数据的可靠性，即对外提供存储服务的水平和数据安全可靠的水平。

对于大规模分布式存储系统而言，每天都有可能由硬件（磁盘、网络、内存、CPU 等）、软件（crash）和人为因素等导致故障的产生，如何在产生这些故障时，依旧可以保证系统中存储的数据不丢失，并且系统依然能够对外继续提供服务，这就使得容错与恢复（在故障产生和恢复时能保证数据安全和对外服务）成为分布式存储系统设计的首要目标。提升系统可靠性的主要手段，就是通过计算或者数据冗余机制，来应对系统中出现的部分失效问题（尤其是关键部件，如存储的元数据服务器等）。

本节重点探讨分布式存储系统中的故障类型、检测、恢复，数据冗余复制技术和一致性相关的协议，并分析出业界相关的实现。

1. 节点故障及异常

分布式存储系统中经常会产生各种类型的故障和异常，谷歌的科学家在 LADIS 2009 上介绍了 Google 某数据中心第一年运行的故障数据，如表 3-1 所示。

表 3-1　Google 某数据中心第一年故障率

发生次数	故障类型	影响范围
0.5	数据中心过热	5 分钟之内大部分机器断电，1~2 天恢复
1	配电装置故障	500~1000 台机器瞬间下线，6 小时恢复
1	机架调整	500~1000 台机器断电，6 小时恢复
1	网络重新规划	5% 机器下线超过两天
20	机架故障	40~80 台机器瞬间下线，1~6 小时恢复
5	机架不稳定	40~80 台机器发生 50% 丢包
12	路由器重启	DNS 和对外 IP 服务失效几分钟
3	路由器故障	需要立即切换流量，持续约 1 小时
几十	DNS 故障	持续约 30 秒
1000	单机故障	机器无法提供服务
几千	硬盘故障	硬盘数据丢失

从表 3-1 中可以看出，单机故障和磁盘故障发生的概率最高，几乎每天都有多起事故，而单机、磁盘和分布式存储系统的数据可靠性紧密相关，必须对单机故障和磁盘故障进行处理，通常采用数据在不同节点上进行冗余，以应对存储介质故障或者单机故障可能会带来的数据丢失风险（硬盘年故障率在 1%~5%。服务器年故障率在 2%~4%）。

表 3-2 是分布式存储系统中常见的故障类型以及其故障影响。

表 3-2　分布式存储系统中的故障类型

名称	说明	后果
机器宕机	存储服务器宕机，对外不能提供服务	致命，数据丢失
网络故障	消息丢失，通信双方存在丢失消息不能正常通信的情况	严重，数据可能不一致
	消息乱序	
	数据错误	
	超时（请求或响应超时）	
网络故障	介质出现故障，不可读写	致命，数据丢失

由于网络故障的存在，分布式存储系统中的请求或者响应将会处于三个状态：成功、失败和超时。其中，成功和失败是系统中确定的状态，而超时是不确定的，这就要求分布式存储系统要对这种不确定的状态进行相应处理（通常采用重试机制）。

机器和存储介质故障都会导致数据的丢失，我们通常都会采用数据冗余机制来解决。

2. 故障检测、与恢复

在分布式系统中常用的节点故障检测方式有两大类，具体如表 3-3 所示。

表 3-3　分布式存储系统中的节点故障机制

类型	机制	优点	缺点
中心化	集群中的节点定期向中心控制节点汇报状态信息（一般称为心跳）	在可预期的有限周期内能判断节点的状态。检测较为实时	中心节点故障时，影响业务可用性；集群规模过大时，中心节点成为瓶颈，扩展性差
去中心	不存在中心的控制节点，节点之间互相传播其所具有的集群信息	无中心节点，任意节点故障对业务可用性无影响，扩展性较好，没有中心节点瓶颈	在较长周期内才能知道所有节点的状态，不够实时

在中心化的检测机制中，所有的节点都会定期向一个中心控制节点发送状态信息（心跳），如果有节点发生故障，在若干个周期内都未能向中心节点发送心跳，那么中心控制节点就会将节点标记为故障，并将这个信息广播至整个集群。

在去中心化的检测机制中，节点之间相互传播自己的状态和所知道的其他节点状态，经过一定的时间周期后，所有节点之间将会得到所有节点的状态信息。如果一个节点发生故障，不能够在若干周期内向集群中其他节点交换自己的状态信息，就会被其他节点标记为故障，这个信息将会在整个集群中传播。

通常无论是中心化还是去中心化的检测机制，在节点被系统判定为故障后，都有可能恢复，在多副本的分布式系统中，节点恢复一般通过"状态同步"和"数据同步"两个方面完成。

（1）状态同步

故障节点在故障恢复后，需要重新同步自己在集群中的状态，在中心化系统中，故障节点在恢复时要跟中心节点建立心跳关系，并获取集群的视图、复制关系等；去中心化系统，会通过向其他节点推送和获取集群拓扑、复制信息来达到状态的同步。

（2）数据同步

在状态同步后，故障节点上的数据可能与系统中其他节点的数据不一致，需要跟其他副本节点进行数据同步（从其他副本那里拷贝故障期间遗漏的数据）。完成上述两步，节点才算是真正恢复，一般系统都需要故障节点在数据同步之后才能对外提供服务，也有的系统在完成状态同步后，就让节点对外提供服务（需要做额外的工作）。故障从时间维度上看又分为临时故障和永久故障，在分布式系统中，临时故障与永久故障的判别标准是故障时间长短（通常临时故障都是若干秒以内，永久故障是若干分钟以上）。对于临时故障，节点在集群中的拓扑信息未发生变化，节点恢复后，状态同步只需要获取集群视图信息（如果本地有保存则可以忽略）和进行数据同步即可；但对于永久故障，集群的拓扑会发生变化（故障节点会被踢出集群），在故障恢复时，集群需要重新计算相关的视图信息（数据分布、复制关系等），然后才能进行数据同步。

3. 常见的分布式冗余策略

在分布式存储系统中，一般通过冗余服务、数据来满足可用性需求，表3-4是常见的服务和数据冗余策略。

表3-4　分布式存储系统中的冗余策略

类型	机制	说明
服务冗余	主备	主节点对外提供服务，备节点在主节点故障时提供服务
	双活	两个节点同时对外提供服务
	无状态多分布	多个节点同时对外提供相同的服务
数据冗余	多副本	数据在多个存储节点上进行分布
	Erasure Code	数据采用EC方式在多个存储节点上分布

服务冗余一般包括主备、双活、多分布。主备冗余通过只有主节点对外提供服务，主备之间通常采用日志的方式进行状态同步，当计算机出现主故障时，备节点切换成主节点进行服务，在切换的时间内，对外服务可能中断；双活是主备模式的演进，两个节点都对外提供服务，其之间的状态实时同步，任意节点故障时，另外一个节点都能对外提供服务；多分布一般是指多台服务器对外同时提供服务，彼此之间不知道对方的存在，当其中服务

故障时，其他服务没有影响，整个系统还能实时对外提供服务。

数据冗余的目的主要是防止在存储介质、服务器故障时数据丢失，这也是分布式存储系统最核心的诉求。

业界主流的冗余技术多是副本和 Erasure Code、多副本（replica），是指用户存入分布式存储系统中的数据，将会按照一定的策略被复制到多个存储节点（一般采用三副本）上进行持久化，读取时可以从多个节点上获取。常见的分布式存储系统中，实现 2F+1 个副本冗余，最多容忍 F 个副本同时故障。多副本存在空间利用率较低的问题，以三副本为例，整个系统的空间利用率只有 33.3%。Erasure Code（后文以 EC 替代）则通过将数据文件切分成数据块，按照一定的数据块数量 n 计算出 m 个校验块，共存储 n+m 个数据块，当损坏的块数量小于等于 m 时，数据可以从其他未损坏的 n 个块中计算恢复 [编码率为 n（n+m）]，最多容忍 m 个块损坏；EC 最大的问题是，在计算时需要消耗较多的 cpu 资源：在故障时，需要消耗较多的网络和磁盘带宽进行数据恢复（每次都需要读取 n 个块修复损坏的数据块）。

一般系统中都将热数据（比如元数据）使用多副本冗余提升性能，冷数据使用 EC 冗余提升空间利用率。

4. 一致性模型

分布式存储系统采用多副本冗余机制来提升系统数据的可靠性、可用性，在出现故障时，如何保证多个副本数据的一致性是最为关键的。

CAP 原理（Eric Brewer 1998 提出）对一致性的定义为，"consistency that all nodes see the same data at the same time"，即所有节点在同一时刻访问的数据是相同的。这个定义包括了多个节点同时访问同一份数据的一致性（客户侧视角，多个客户端看到的数据一致），也包括了多个节点之间多个数据副本的一致性（存储侧视角，多个存储节点之间数据的一致性）。一致性的定义主要分为三大类。

（1）强一致（Strong Consistency）

是指数据更新完成并返回成功后，后续的请求将会返回最近更新的值。典型的存储介质，如 HDD/FLASH/Memory 都满足这一特性，传统的 SANNAS 存储系统的基本功能对外也体现出该特性（有些高级特性，比如异步远程复制特性则不支持该功能）。

（2）弱一致（Weak Consistency）

是指数据更新完成并返回成功后，后续的请求将不能够保证一定返回到最近更新的值，它可能需要一些时间才能完成（这段时间叫作非一致性窗口，inconsisency window），甚至永远都可能不会返回到最近更新的值。典型的如某些内存存储系统，对持久化不保证，对于更新数据的返回也许是旧版本数据，甚至无效数据。

（3）最终一致（Eventual Consistency）

它是介于强一致和弱一致之间，和弱一致的区别是在指定的时间窗口之内肯定能够保证一致。其定义描述为，数据更新完成并返回成功后，后续的请求将不能保证一定返回最近更新的值，可能是旧版本的值，但在一定时间后是一致的。典型如互联网应用的 Amazon S/Simple DB，传统存储异步远程复制也算是最终一致性，数据更新后如果不再更改。那么在允诺的 RPO（Recover Point Object）时间后远端就能得到最新的数据，此时 RPO 的时间就是 inconsistency window（不一致性窗口）。

强一致性又分为 strict consistency 和 sequential consistency，strict consistency 在现实系统中很难做到（不存在严格意义上的物理时钟，无法定义系统中事件的先后顺序，一般只做理论研究使用），所以常见的分布式系统中一般都是实现了 sequential consistency（强调对于使用者而言所有操作在每个副本上的顺序是一样的）。

最终一致性变体有六类主要的变体，由于篇幅关系，通过表 3-5 做简要描述。

表 3-5　最终一致性类型

类型	说明
因果一致性（causal consistency）	有通信关联的请求之间保持强一致性，无相关通信的请求之间不保证；因果一致性通常采用 veetor clock 来判定副本之间的因果关系，并检测冲突，需要客户端参与解决冲突
读跟随写一致性（read-your-write consistency）	某个客户端／进程更新数据后，后续的读返回最新的数据
会话一致性（session consistency）	在一个会话的上下文环境中，保证强一致性，不同会话之间无法保证
单调读一致性（monotonic read consistency）	某个客户端／进程读取了数据的某个版本，那么它不会再读到之前的版本
单调与一致性（monotonic write consistency）	某个客户端／进程上下文中保证写的串行化，不同客户端／进程之间无法保证
多版本一致性（multi version consistency）	当返回读请求时，在一致性窗口未到达前，提供多个版本的数据供应用决策

二、分布式存储系统可靠性关键技术

1. 复制模型

复制是分布式系统中解决冗余资源之间一致性的技术，它是提升系统可靠性、可用性、容错、性能的关键技术。随着分布式存储系统的发展，存储集群的规模已经达到上千甚至上万节点，如何在成千上万的节点中复制数据是分布式系统中的难点。

复制的特征是：首先要保证多份数据的一致性，以满足不同的应用和系统所定义的一致性策略；其次，复制也必须要具备透明性，即客户不知道存在多少物理副本以及副本的位置，由分布式存储系统实现多个副本的放置操作。

（1）主动复制（active replication）

主动复制(active replication)是指，客户端直接参与将多个数据副本复制到存储系统中，多个副本节点构成一个组，组中的每个节点以相同的方式独立地处理请求，并给出响应，最终由客户端来协调执行的最终结果。

对于主动复制，当客户端需要执行存储操作时，其处理流程具体如下。

1）请求：客户端将存储请求（每个请求唯一标识，通常是个递增的整数）发送至副本节点组中的每个节点。

2）协调处理：副本节点组中的节点执行请求。

3）响应：每个副本节点将其响应发送至客户端，客户端收到的响应数量取决于一致性模型的设定。

如果存在多个客户端同时发起请求，就需要在多个客户端使用类似分布式锁这样的机制来保证不同客户端之间的请求按照一定的顺序进行处理，如果不对多个客户端进行顺序化处理，这时的系统就不是强一致性的，在副本节点上就需要对这种数据不一致进行检测（Amazon 的 Dynamo 就是基于这样一个最终一致性系统，通过 vector clock 进行多客户端并发冲突检测的）。

如果有副本发生故障，则客户端可以根据一致性策略来决定如何进行操作，如果是强制性系统，一般需要重试或者等待视图变更（节点被标记为故障）。如果是最终一致性系统，那么系统可以通过后台的同步机制来完成数据在副本节点上的更新，像 Dynamo 中，当有节点故障时，就会写入 hinted-handoff（一个节点故障时，先会将属于这个节点的数据写到其他节点上，等其回复后，再从其他节点上将数据同步）数据至系统中其他节点，等故障节点恢复后再利用 hinted-handoff 机制进行数据同步。

主动复制的优点是，客户端将数据直接复制到相应的副本节点，没有额外的网络开销；其缺点主要是客户端需要参与复制过程的协调和控制，当客户端出现故障时，通常需要其他机制才能完成复制过程，当副本节点故障时，需要客户端参与副本节点的状态恢复。

（2）主节点拷贝（primary-backup）

在主节点拷贝（也叫被动复制，passive replication）的复制技术中，任何时候都有一个主节点（primary node）和一个或多个备份副本节点（backup node）。任意时刻，分布式存储系统只有一个主节点对客户端提供存储服务，主节点负责将客户请求转化为写入或更新操作（一般以操作日志的形式）发送至副本节点。如果主节点故障，那么某个副本节点将会被选择为新的主节点对外提供服务。

对于主节点拷贝，当用户需要执行存储操作时，其处理流程具体有以下几点。

1）请求：客户端将存储请求发送至主副本节点。

2）复制：主节点在收到客户请求后，通常会按照收到的请求顺序依次执行，如果是更新操作，主节点将每一个请求发送至副本节点（每个请求都会被唯一编号，依次递增，副本节点会按照相同的顺序执行这些请求），并等待副本节点执行结果的响应。

3）协调：主节点根据收集的响应情况，在满足系统规定的一致性下，产生响应。

4）响应：主节点将响应发送至客户端。

如果主节点发生故障，则系统需要重新选取一个副本节点作为新的主节点。由于副本节点的状态和主节点一致，任意一个节点都可以作为主节点继续为客户端提供服务。如果副本节点发生故障，则需要根据故障的状态进行恢复，在恢复期间不能提供对外服务（不能被选为主节点）。

需要注意的是，并非所有的基于主节点拷贝的系统都是强一致性的，在步骤（3）中，如果主节点并不等待所有的副本成功响应，就给客户端返回成功（即副本节点的处理是异步的），若在复制过程中某个副本出现故障，就会导致多个副本之间的数据不一致，这种形式构成的系统就可能是最终一致性的系统。

对于主节点拷贝的分布式存储系统的读请求来说，一般都会选择从主节点读取（主节点上始终都是一致的副本），有的系统也会根据负载，允许从其他一致的副本节点上读取数据。

主节点拷贝的优点是，客户端不需要做任何关于副本复制的交互，多个客户端同时存储数据对于存储侧来说不需要额外的并发控制；其缺点是网络开销较大，所有的请求都需要发送到节点，再由主节点复制到副本节点，当主节点故障时，在一定的时间内（视同步周期）系统不能对外提供存储服务；当副本节点故障时，主节点需要等待一定的周期才能判断副本节点的状态，此时会产生额外的时延。

2.Paxos 强一致性协议

Paxos 是 Lamport 在 1989 年提出的一种基于消息传递，且具有高度容错性的强一致性算法。在基于消息传递的分布式存储系统，无法避免地会出现各种故障（硬件、软件），导致消息出现延迟、丢失、重复，Paxos 一致性算法解决的是在上述异常发生时，分布式系统如何就某个值达成一致，且保证不论发生任何异常，都不会破坏决议的一致性。

在原始论文中，Lamport 虚拟了一个叫做 Paxos 的希腊城邦，这个城邦按照民主模式进行投票决策，每个议员都不能承诺在需要时一定出现（即可能出现故障无响应），也无法承诺批准决议或者传递消息的事件（整个协议假设没有拜占庭将军问题，没有错误的消息），只要等待足够长的时间，消息必然会被传到，整个城邦如何达成决议的一致性就是 Paxos 所要解决的问题。对于分布式存储系统，每个议员对应各个副本节点，制定的法律对应于系统的状态，议员的不确定性对应于节点和消息传输的不确定性。

基本的 Paxos 协议中有四个角色，即 Client（客户端）、Proposer（提案者）、Acceptor（表决者）、Learner（学习者）。

Paxos 协议一轮一轮地进行，每一轮都会有一个提案编号，每轮 Paxos 协议可能会批准一个 value（也可能无法批准，比如未超过半数，Acceptor 接受该 value，协议会一直进行直到批准一个 value），如果一个 value 被批准，那么后续各轮 Paxos 只能批准这个 value。上述各轮协议流程，构成了一个 Paxos 实例，即一次 Paxos 协议实例只能批准一个

value，这也是 Paxos 称为强一致性协议的关键点。例如，对于强一致性分布式存储系统来说，如果使用主节点复制机制，当主节点挂掉后，多个副本节点通过 Paxos 协议选主节点，完成之后系统中只能有一个主节点，不能存在多个主节点。

表3-6　Paxos 中的角色

角色	职责	说明
Clicnt	Client 向 Proposer 发起请求	发起请求后，需要等待 Propser 响应
Proposer	Proposer 提出提案，提案信息包含提案的编号和提议的值	可以有多个 Proposer，但在一轮选举中只有一个 Proposer 的提议会被批准，被批准的值在分布式存储系统中可以是用户的数据、集群的视图状态等
Acceptor	Acceptor 收到提案后可以接受提案，如果超过半数 Acceptor 接受提案，则提案被批准（chosen）	Acceptor 之间的关系完全对等
Learner	Learner 只能学习被批准的值（value）	学习需要通过读取各个 Acceptor 对 value 的选择结果，至少需要到 w/2+1 个 Aceptor 那里获取值(value）

3. 复制技术和数据一致性分析

复制技术主要是解决分布式存储系统的可靠性，其核心问题是多个副本之间的一致性，前面重点分析介绍了两种复制技术以及相关的一致性定义。

主动复制技术是去中心化的复制技术，每个副本节点的地位等同，都需要和客户端进行交互，任意一个节点故障都不会影响到对外服务，而主节点拷贝则是一种中心化的复制技术，复制由主节点完成，当中心节点故障时，对外服务会受到影响，直到主节点恢复（可能是重新选择主节点）。它们既可以是强一致性的，也可以是最终一致性，甚至是弱一致性的。

需要格外注意的是，通常主动复制技术为了提高某些场景下的可用性，都会使用一种 Quorum 的 NRW 机制（N 个副本中，读成功份数 R，写成功份数 W），通过读写配合来定义分布式存储系统的一致性：强一致系统需要满足 R+W>N 和 W>N/2，最终一致性系统一般要求 R+W ≤ N。无论是哪种一致性模型，当 W<N 时，提升写的可用性，当 R<N 时，提升读的可用性，客户端可以在某些请求失败时继续处理。

Paxos 是当前分布式存储系统中常用的强一致性协议，其最大的缺点就是性能比较差，可能需要多轮交互才能实现一致决议，在 Google Chubby 的推广下，目前很多系统都在优化使用。

三、开源实现分析

1.Zookeeper

Zookeeper 是 Apache 开放组织中一个高可靠的中心化分布式协调系统服务（是 Google Chubby 的开源实现），它提供配置维护、名字空间、分布式同步和组服务等，这些服务在其他分布式存储系统中广泛应用。Zookeeper 主要提供了分布式独享锁、选举和队列等功能接口，关于 Zookeeper 的功能请读者阅读官方资料，下面重点分析一下 Zookeeper 中的一致性算法。

Zookeeper 中节点的角色有两类：Leader 和 Follower，Leader 通过 Paxos 选举产生，全局只有一个 Leader，并且只有 Leader 才能提交提案（解决 Basic Paxos 的活锁问题）。Follower 可以有多个，当 Leader 故障时，只能有一个 Follower 会被选举成为新的 Leader，其基本工作流程具体如下。

（1）选举

Zookeeper 集群，通过 Paxos 协议完成 Leader 的选举；在选举过程中，Zookeeper 依赖一个全局的版本号：zxid=（epoch，count），其中 epoch 是选举编号，count 是 Leader 维护的一个更新操作的序号，二者均严格递增。每次切换 Leader，epoch 会增加，count 清零，Leader 每次同步一个数据，count 会增加；每个 Zookeeper 节点都有一个本地 zxid，都会根据这个 zxid 发起提案，根据 Paxos 协议，只有超过半数且持有最大 zxid 的节点才能成为 Leader，当每个 Zookeeper 中的 zxid 都一样时，会出现无法选举的情况，这时 Zookeeper 将使用节点号最大者为 Leader。

（2）同步数据

Leader 接收客户端的更新请求，向集群中其他 Follower 进行传播更新（基于主节点拷贝模型进行数据的复制），当 Leader 收到超过半数的 Follower 成功更新响应后，Leader 下发针对该操作的 commit 消息给各个 Follower 生效。

通过这种方式，Zookeeper 建立起 Sequential consistency 模型，多个副本以一样的顺序进行更新，提供了全局的强一致性。

当主节点故障时，主节点正在处理同步数据操作，那么有两种情况会产生，如果新主节点（zxid 最大者）没有该项数据，那么该同步操作被认为是脏数据会被抛弃，如果新主节点有该项同步操作，这个同步操作就会继续完成，由新主节点进行复制协调。

2.Voldemort

Voldemort 采用了 Quorum 的 NRW 机制，N 代表数据的副本数目，R 代表了一次成功读操作需要读到的最少副本数目，W 代表了一次成功写操作需要写到的最少副本数目。当 R+W>N 时，依据 Quorum 机制的证明，仅仅只能保证写 W 个副本成功后，读 R 个副本中一定有最新写入的数据；但是读到的 R 个副本中哪个是最新的，并不是 NRW 机制能够解决的问题，它需要采用 Version Vector 来解决。

NRW 在 Voldemort 内部可以为不同的 store 配置不同的参数。典型的配置如 322 系统为每个数据设置 3 个副本，写请求要至少写成功 2 个节点才算请求成功，读请求要至少读成功 2 个节点才算请求成功。读写请求都可以允许一个节点发生故障，提升其可用性。有些系统也可以配置为 313，这就要求写请求必须 3 个全部写成功才算成功，在写操作过程中，不允许任何节点出现故障。

此外，为了应对系统的故障处理，还使用 hint-handoff、read-repair、anti-entropy 等技术来处理故障时的多个副本之间的一致性。

Voldemort 采用了基于 Gossip 机制的故障检测和同步机制。Gossip 的主要模型如下：在一个集群中，每个节点定期随机抽取一个节点同步信息：例如，节点 A 和节点 B 同步信息，如果节点 A 有信息 M1，节点 B 有信息 M2，某一时刻节点 A 选择节点 B 进行信息同步，首先推送自己拥有的信息给节点 B，节点 B 储存自身没有的信息 M1，同时发现节点 A 缺失信息 M2，通知节点 A 获取 M2，那么同步之后，两个节点都拥有了 MI 和 M2，在这样的同步模型下，假设在某一时刻节点 A 产生了一个新信息 M，那么过了 i 个同步周期，这个消息传递到整个集群的概率可以被推算出来。

假设集群大小为 N，i 个同步周期任一节点没有接收到信息 M 的概率为 Pi，当 Pi 足够小时，可以认为消息已经传遍了集群。集群大小和 Gossip 周期的对应关系如表 3-7 所示。

表 3-7　Gossip 的同步周期

集群规模	Gossip 周期	Pi
2000	14	2.76E-4
2000	15	7.63E-4
20000	17	0.0014
20000	18	2.02E-6

根据计算，对于 2000 个节点的集群，在 15 个 Gossip 周期后，一个新的消息可以传遍集群；对于 20000 个节点的集群，在 18 个 Gossip 周期后，一个新的消息可以传遍集群。由于节点需要将自己存活的消息传播到集群，这就需要不停地发布新的信息，每秒发起一次 Gossip 心跳信息，进行同步。时间间隔作为自定义参数可配置，默认值为 1 秒。

集群中的节点状态通过 Gossip 进行传播，目前 Voldemort 集群已经通过这种去中心化的控制方式达到了上千节点。随着移动互联网、社交媒体、大数据、云平台等的发展，数据量会越来越大，分布式存储集群的规模也变得越来越大，且越来越多的应用更加注重的是系统的可用性，类似 Gossip 这种去中心化的控制，NRW 这种实现最终一致性的模型将会得到广泛应用。

第五节　面向云平台的存储安全架构体系

一、概述

1. 云安全定义

如今任何以互联网为基础的应用都潜在具有一定的安全性问题，云计算即便在应用方面优势多多，也依旧面临着很严峻的安全问题。随着越来越多的软件包，客户和企业把数据迁移到云计算中，云计算将出现越来越多的网络攻击和诈骗活动。维基百科定义的云计算的安全性（有时也简称为"云安全"）是一个演化自计算机安全、网络安全，甚至是更广泛的信息安全的子领域，而且还在持续发展中。云安全是指一套广泛的政策技术与被部署的控制方法，用来保护数据、应用程序以及云计算的基础设施。另外，还有其他相关的云安全定义。

IBM SmartCloud 在传统 IT 安全要求的基础上评估与云计算相关的风险，如身份管理、数据完整性、数据恢复、隐私保护和租户隔离，保护数据完整性和隐私安全，支持数据和服务的可用性，并证明合规性，实现用户在云设施上的可视可控。

Accenture 管理咨询公司，从商业化公司的角度出发，云服务提供商在以下方面面临如下风险：多租户、安全评估、分布式中心、物理安全、安全编码、防数据泄露、政策与审计等。云计算安全就是综合应用各种技术及措施降低云服务运营商及其存储的用户数据程序面临的威胁。

云计算安全就是综合利用各种信息技术保证在云平台中运行的各类云基础设施的安全，实现数据安全与隐私保护，同时统一规划部署安全防护措施，保证多租户的共享资源和运行安全。

与云计算安全性问题有关的讨论或疑虑有很多，但总体来说可将其分为两大类：云平台（提供软件即服务、平台即服务或基础设施即服务的组织）必须面对的安全问题，以及提供商的客户必须面对的安全问题。在多数情况下，一方面，云平台必须确认其云基础设施是安全可靠的，客户的数据与应用程序能够被妥善地保存处理和不会丢失；另一方面，客户必须确认云平台已经采取了相应的措施，以保护他们的信息安全，这样才能放心地将他们的数据（包括各种敏感数据）交给云平台保存和处理。

为了确保数据是安全的（不能被未授权的用户访问，或单纯地丢失），以及数据隐私是被保护的，云平台必须致力于以下事项。

（1）数据保护：为了妥善保护数据，来自某一用户的数据必须要适当地与其他用户的数据隔离；无论数据存储在何方，都必须确保它们的安全。云平台必须有相关的系统，以防止数据外泄或被第三方任意访问。适当的职责分权以确保审核与监控不会失效，即便是云平台中有特权的用户也一样。

（2）身份管理：每一家企业都有自己用来控管计算资源与信息访问的身份管理系统，云平台可以用 SSO 等技术来集成客户的身份管理系统到其基础设施上，或是提供自己的身份管理方案。

（3）实体与个体安全：云平台必须确保实体机器有足够的安全防护，并且当访问这些机器中所有与客户相关的数据时，不仅会受到限制，而且还要留下访问的记录文件。

（4）可用性：云平台必须确保客户可以定期地，或者预期地访问它们的数据和应用程序。

（5）应用程序安全：云平台必须保障应用程序服务是安全的，代码必须通过测试与可用性的验收程序。它还需要在正式运营环境中创建适当的应用层级安全防护措施（分散式网站应用层级防火墙）。

（6）隐私：云平台必须确保所有敏感性数据（如信用卡号码）都被保护，仅允许被授权的用户访问。此外，包括数字凭证和身份识别，以及服务提供商在云中针对客户活动所收集或产生的数据，都必须要受到平台保护。

通过对云安全的认识，认为云安全总体应该包括以下"五朵云"。

（1）安全的云：用以保护云以及云的用户不会受到外来的攻击和损害，如恶意软件感染、数据破坏、中间人攻击、会话劫持和假冒用户等。

（2）可信的云：表示云本身不会对用户构成威胁，即云中用户的数据或者程序不会被云所窃取、篡改或分析；云提供者不会利用特权来伤害用户等。

（3）可靠的云：表示云能够提供持续可靠的服务，即不会发生服务中断，能够持续为租户提供服务；不会因故障给租户带来损失，具有灾备能力等。

（4）可控的云：保证云不会被用来作恶，即不会用云发动网络攻击，不会用云散布恶意舆论，以及不会用云进行欺诈等。

（5）服务于安全的云：用强大的云计算能力来进行安全防护，如进行云查杀、云认证、云核查等。

云计算的主要目标是提供高效的计算服务，云计算的基础设施是提供可靠、安全的数据存储中心。因此，云的存储安全是云计算的安全话题。

2. 云安全需求

（1）CSA 云安全需求

云安全联盟（CSA）发布的 2013 年云计算九大威胁报告中，确定了 9 种云安全的严重威胁，其中就包括了数据破坏、数据丢失、恶意的内部用户、滥用和恶意使用等。

1）数据泄露。为了表明数据泄露对企业的危害程度，CSA 在报告中提到了黑客如何利用边信道时间信息，通过侵入一台虚拟机来获取同一服务器上的其他虚拟机所使用的私有密钥。不过，其实居心叵测的黑客未必需要如此煞费苦心，多用户云服务数据库设计不当，哪怕某一个用户的应用程序只存在一个漏洞，都可以让攻击者获取这个用户的数据，而且还能获取其他用户的数据。如果用户决定对数据进行异地备份以减小数据丢失风险，则又加大了数据泄露的概率。

2）数据丢失。CSA认为，云计算环境的第二大威胁是数据丢失。用户有可能会眼睁睁地看着数据消失得无影无踪，但是却对此毫无办法，不怀好意的黑客也会删除攻击对象的数据，粗心大意的服务提供商或者灾难（如大火、洪水或地震）也可能导致用户的数据丢失。报告特别指出，数据丢失带来的问题不仅仅是影响企业与客户之间的关系，按照法规，企业必须存储某些数据存档以备核查，然而这些数据一旦丢失，企业由此有可能陷入困境。

3）数据劫持。第三大云计算安全风险是账户或服务流量被劫持。CSA认为，云计算在这方面增添了一个新的威胁。如果黑客获取了企业的登录资料，就有可能窃听相关活动和交易，并操纵数据、返回虚假信息，将企业客户引到非法网站。报告表示：账户或服务实例可能成为攻击者新的大本营，黑客进而会利用用户的良好信誉，对外发动攻击。CSA在报告中提到了2010年亚马逊曾遭遇的跨站脚本攻击。要抵御这种威胁，关键在于保护好登录资料，以免被偷窃。CSA认为：“企业应考虑禁止用户与云服务提供商之间共享账户登录资料，可能的话企业应该尽量采用安全性高的双因子验证技术。”

4）不安全的接口。第四大安全威胁是不安全的接口（API）。通常，管理员会利用API对云服务进行配置、管理、协调和监控，因此API对一般云服务的安全性和可用性来说极为重要，企业和第三方因而经常在这些接口的基础上进行开发，并提供附加服务。CSA在报告中表示：这为接口管理增加了复杂度，由于这种做法会要求企业将登录资料交给第三方，以便相互联系，因此也加大了风险。CSA在此给出的建议是，企业要明白使用、管理、协调和监控云服务会在安全方面带来什么影响，因为安全性差的API会让企业面临涉及机密性、完整性、可用性和问责性的安全问题。

5）拒绝服务攻击。分布式拒绝服务（DDoS）被列为云计算面临的第五大安全威胁。多年来，DDoS一直都是互联网的一大威胁，而在云计算时代，许多企业会需要一项或多项服务保持7×24小时的可用性，在这种情况下DDoS威胁显得尤为严重。DDoS引起的服务停用会让服务提供商失去客户，还会给按照使用时间和磁盘空间为云服务付费的用户造成惨重损失。虽然攻击者无法完全摧垮服务，但是“还是可能让计算资源消耗大量的处理时间，以至于对提供商来说运行成本大大提高，只好被迫自行关掉服务”。

6）不怀好意的内部人员。第六大威胁是不怀好意的内部人员，这些人可能是在职或离任的员工、合同工或者业务合作伙伴。他们会不怀好意地访问网络、系统或数据。在云服务设计不当的场景下，居心叵测的内部人员可能会造成较大的破坏。居心叵测的内部人员拥有比外部人员更高的访问级别，因而可以接触到重要的系统，最终访问数据。在云平台完全对数据安全负责的场合下，权限控制在保证数据安全方面有着很大作用。CSA方面认为："就算云计算服务商实施了加密技术，如果密钥没有交由客户保管，那么系统依然容易遭到不怀好意的内部人员攻击。"

7）滥用云服务。第七大安全威胁是滥用云服务，如坏人利用云服务破解普通计算机很难破解的加密密钥。另一个例子是，恶意黑客利用云服务器发动分布式拒绝服务攻击、传播恶意软件或共享盗版软件。这其中面临的挑战是：云平台需要确定哪些操作是服务滥用，并且确定识别服务滥用的最佳流程和方法。

8）贸然行事。第八大云计算安全威胁是调查不够充分，也就是说企业还没有充分了解云计算服务商的系统环境及相关风险，就贸然采用云服务。因此，企业进入云平台需要与服务提供商签订合同，明确责任和透明度方面的问题。此外，如果企业的开发团队对云技术不够熟悉，就把应用程序贸然放到云平台，可能会因此出现运营和架构方面的问题。CSA 的忠告是，企业要确保自己有足够的资源准备，而且进入云平台之前进行了充分的调查工作。

9）共享隔离问题。CSA 将共享技术的安全漏洞列为云计算所面临的第九大安全威胁。云平台经常共享基础设施、平台和应用程序，并以一种灵活扩展的方式来交付服务。CSA 在报告中表示："共享技术的安全漏洞很有可能存在于所有云计算的交付模式中，无论构成数据中心基础设施的底层部件（如处理器、内存和图形处理器等）是不是为多用户架构（IaaS）、可重新部署的平台（PaaS）或多用户应用程序（SaaS）提供了隔离特性。"

为此，云安全联盟在（云计算关键领域安全指南）第 2 版中将云计算的安全问题及其措施简要概括为以下几个方面。

①身份认证和访问控制。在云计算平台下，用户可以将数据保存到云服务器中，导致云平台也可以访问用户的数据，因此需要通过加密技术等手段保证数据的安全，并且制定访问策略保证只有认证用户才能访问数据。

②数据一致性和完整性。为了保证数据的可用性，云平台通常会备份用户的数据，因此需要保证云服务器中的备份数据的一致性，并能够实现数据的完整性验证。

③应用安全。云计算提供了丰富的网络业务应用，允许用户通过浏览器或者客户端来获取相应的服务，因此需要建立应用的安全架构，并在应用的整个生命周期内考虑其安全性。

④虚拟机安全。云计算的关键技术之一是虚拟化技术，主要通过虚拟机来实现，因此，为了避免虚拟机软件存在潜在安全威胁，需要采取技术手段保护虚拟机的运行环境。

（2）美国联邦云安全需求

早在 2009 年 1 月，美国行政管理和预算局（OMB）就开始关注云计算和虚拟化，并启动了联邦云计算倡议，成立了专门管理组织，确定了联邦政府云计算发展目标，明确提出要开展云计算示范项目，通过优化云计算平台来优化通用的服务和解决方案，要求联邦政府对数据中心进行整合，实施"云首选"的策略等。美国联邦政府大力推进云计算的同时，研究和制定云计算安全策略。

1）高度重视云计算安全和隐私。可移植性和互操作性，对云服务实施基于风险的管理。美国联邦政府认为，对于云服务要实施基于风险的安全管理，在控制风险的基础上充分利用云计算高效、快捷、利于革新等重要优势，并启动了联邦风险和授权管理项目（Fe-dRAMP）。

2）加强云计算安全管理，明确安全管理相关方职责。首先需要明确云计算安全管理的政府部门角色及职责；其次明确 FedRAMP 项目相关方的角色和职责；最后明确第三方评估组织的职责。

3）注重云计算安全管理的顶层设计。美国联邦政府注重对云计算安全管理的顶层设计。在政策法规指导下，以安全控制基线为基本要求，以评估和授权以及监视为管理抓手，同时提供模板、指南等协助手段，建立了云计算安全管理的立体体系。

4）丰富已有安全措施规范，制定云计算安全基线要求。在《推荐的联邦信息系统和组织安全措施》的基础上，针对信息系统的不同等级（低影响级和中影响级）制定了云计算安全基线要求（FedRAMP 安全控制措施）。云计算环境下需要增强的安全控制措施包括如下几个方面。

①访问控制：要求定义非用户账户（如设备账户）的存活期限，采用基于角色的访问控制，供应商提供安全功能列表，确定系统使用通知的要素，供应商实现的网络协议要经过同意等。

②审计和可追踪：供应商要定义审计的事件集合，配置软硬件的审计特性，定义审计记录类型并经过同意，服务商要实现合法的加密算法，审计记录 90 天有效等。

③配置管理：要求供应商维护软件程序列表，建立变更控制措施和通知措施，建立集中网络配置中心且配置列表符合或兼容安全内容自动化协议，确定属性可追踪信息等。

④持续性规划：要求服务商确定关键的持续性人员和组织要素的列表，开发业务持续性测试计划，确定哪些要素需要备份，备份如何验证和定期检查，最少保留用户级信息的 3 份备份等。

⑤标识和鉴别：要求供应商确定抗重放的鉴别机制，提供特定设备列表等。

⑥事件响应：要求每天提供演练计划，事件响应人员和组织要素的列表等。

⑦维护：要确定关键的安全信息系统要素或信息技术要素、获取维护的期限等。

⑧介质保护：确定介质类型和保护方式等。

⑨物理和环境保护：要确定紧急关闭的开关位置，测量温湿度，确定可替代的工作节点的管理、运维和技术信息系统安全控制措施等。

⑩系统和服务获取：对所有外包的服务要记录在案并进行风险评估，对开发的代码提供评估报告，确定供应链威胁的应对措施列表等。

⑪系统和通信保护：确定拒绝服务攻击类型列表，使用可信网络连接传输联邦信息，通信网络流量通过经鉴别的服务器转发，使用隔离措施。

⑫系统和信息完整性：在信息系统监视时要确定额外的指示系统遭到攻击的指标。其他方面如意识和培训、评估和授权、规划人员安全，风险评估则与传统差别不大。

5）主抓评估和授权，加强安全监视。安全授权越来越变为一种高时间消耗的过程，其成本也不断增加。政府级的风险和授权项目通过"一次授权，多次应用"的方式加速政府部门采用云服务的过程，节省云服务采用费用，实现在政府部门内管理目标的开放和透明。

6）提供 SLA 合同等指导，为云服务安全采购提供指南。有效的 SLA 内容将会为云服务采购及其使用过程提供充分的安全保障，同时 SLA 设计要考虑背景、服务描述、测量与关键性能指标、连续性或业务中断、安全管理、角色与责任、支付与赔偿及奖励，术语与条件、报告指南与需求、服务管理、定义、术语表等问题。

3. 云存储中数据安全需求

在当今社会，数据是一种非常宝贵的资源，因此数据的安全相关问题就显得尤为重要。随着云存储时代的到来，用户数据将会从分散的客户端全部集中存储在云提供商中，这显然给黑客进行攻击提供了便利的条件。黑客会想尽方法利用系统的漏洞，入侵系统内部，窃取用户有经济利用价值的数据和敏感数据，而用户却对此无法察觉。当计算机信息产业从以计算为中心逐渐转变为以数据为中心后，数据的价值就显得尤为重要，用户最关心的问题就是他们的数据存储在云中是否能够保证信息安全。尽管云服务提供商宣称，他们的团队是最专业的，设备和软件也是最专业的，能足够保证用户数据的安全性。然而事实上，就连谷歌这样的世界顶级公司也曾发生过 Gmail 服务器被黑客攻击，从而导致用户数据信息泄露的事件。一旦云服务提供商的存储服务出现人为问题或自然灾害导致的设备损坏等，用户存储在云平台的数据会面临巨大危险，最严重的情况是导致数据的丢失，而数据丢失可能会给用户造成巨大的损失。因此数据的机密性、隐私性以及可靠性问题是云存储过程中面临的一个巨大挑战。

结合上述云存储的特点及存在的安全问题，我们总结出云存储数据面临的主要安全威胁和相应的解决思路。

（1）云平台可能窃取和篡改用户存储的数据

云计算的透明性分离了数据与平台基础设施的关系，也对用户屏蔽了底层的具体细节。云计算的服务模式允许用户将数据上传到云服务器，从而使得云平台能够访问用户的数据，在不经用户允许的情况下窃取或者篡改用户的数据。此外，云平台的内部人员失职以及系统故障等安全威胁，也会导致用户的数据很容易被恶意篡改。

（2）未授权的用户可能访问到用户存储的数据

由于用户的大量数据都集中在云服务器中，因此，如果云计算平台没有严格合理的身份验证机制，那么恶意用户就有可能假冒合法用户，进行各种非法操作。例如，恶意用户采用攻击手段获取合法用户信息，访问云计算平台中合法用户的数据，甚至窃取、修改用户的数据，公开用户的隐私信息等，从而给用户带来巨大损失。因此，用户的身份认证是云计算平台下用户访问数据的重要前提，也是云计算平台需要解决的关键技术。云平台应该提供严格的身份认证机制，确保只有通过认证的授权用户才能访问云计算平台下的数据。

（3）云平台可能在内容使用过程中收集用户的隐私

Pearson 将用户隐私信息定义为以下 3 种：个人识别信息、包括姓名、地址等；个人敏感信息，如工作、宗教等；个人数据信息，包括用户的照片、文件等。在一些典型的云计算服务中，如云海量数据分析、云信息搜索以及云健康系统等，用户在使用过程中很容易对外暴露身份、泄露使用行为习惯及其他信息。另外，云平台在为用户提供内容服务的同时，不仅会主动获取用户的身份信息，而且往往通过技术手段收集用户的使用记录，挖掘并分析出用户隐私数据。因此，应该通过技术手段防止云平台收集用户的身份和使用记录等敏感信息，保护用户的隐私。

1）数据机密性

对于个人用户来说，云计算平台中存储的数据可能涉及个人隐私。对企业用户来讲，存储的数据一般都是机密性的数据，其中包括很多商业机密，因此，数据安全是云计算服务中重点关注的问题，也是用户最关心的问题。然而，云计算平台提供的服务要求用户把数据交给云平台，带来的影响是云平台也可以管理和维护用户的数据。一旦云平台窃取用户的数据，必将会导致用户的隐私被泄露。另外，由于云计算平台的数据往往具有很高的价值，恶意用户也会想方设法通过云服务器的漏洞或者在传输过程中窃取机密数据，对用户造成十分严重的后果。因此，数据的机密性必须得到保证，否则将会极大地限制云计算的发展与应用。

2）数据访问控制

随着云存储技术的快速发展，数据安全问题得到了产业界和学术界的广泛关注。绝大部分用户希望在不损害数据原有安全性的前提下使用云存储服务。针对云存储中数据保护需求，数据的访问控制机制逐渐成为保护数据在存储和共享过程中安全的重要手段。访问控制技术通过用户身份、资源特征等属性对系统中的资源操作添加限制，允许合法用户的访问，阻止非法用户进入系统。传统访问控制模型所管理的都是明文数据，但在云存储系统中由于云平台的不完全可信性，密码学方法的访问控制方案成为目前安全性相对较高的方法，对数据的机密性具有更强的保护力度。访问控制的粒度是衡量访问控制方案优劣的一个关键指标，越细粒度的访问控制机制越能够满足云存储中海量用户的访问控制需求。同时由于在服务器不可信的情况下，身份信息的泄露也有可能为服务提供商内部恶意员工或外部攻击者所利用。因此，访问控制中的隐私保护方案也是需要重点关注的问题。另外，在针对密文的访问控制中，访问策略通过密钥的分配来实现，当发生用户撤销的情况时，为防止已撤销用户再次访问数据，要对密钥进行更新，对数据进行重新加密，对未撤销用户重新分配密钥。这无疑会带来巨大的计算负担，特别是在用户流动性较大的情况下，计算量大，影响用户的正常访问。因此，一个可用性较强的访问控制方案还要对用户撤销的情况予以充分考虑，尽量降低用户撤销时的计算需求，减少处理用户撤销问题的时间。

3）数据授权修改

在实际云存储应用中，密文类型信息的动态可修改性具有广泛的应用场景。数据所有者为节省本地存储开销，或方便数据在不同终端的灵活使用，将加密数据存储于云服务器中，数据所有者希望只有自己或者部分已授权的用户才能够修改这些数据，修改后的数据被重新加密后再次上传到云存储平台。该需求极为常见，例如，在团队协同工作的移动办公场景中，项目经理会率先成立一个项目，项目组的人员均有权对该项目进行维护，即对项目数据执行增加、删除、修改等操作，然而这些权限却不能对项目组之外的人员开放。又如，在对用户进行多方会诊的健康云环境中，用户希望将自己的健康数据及历史诊断数据共享给某几个特定的专家或者医生，以便进行病情诊断，被授权的专家或医生有权力查看病患的数据并修改诊断信息，而其余未授权的医生则无法进行这些操作。因此，云存储中的数据修改不仅要求只有授权用户才能解密访问数据，还要求云平台能够验证授权用户的身份以接收修改后的密文。

4）数据可用性

用户数据泄露在给用户带来严重损失的同时，也带来了极为糟糕的用户体验，使得用户在选择云存储服务时更加看重数据安全，以及个人隐私是否能得到有效保护。于是越来越多的云平台将用户数据加密，以密文存储的方式来保护用户数据的安全以及隐私，但用户有对存储在云平台的数据随时进行搜索的需求，这就会遇到对密文进行搜索的难题。传统的加密技术虽然可以保证数据的安全性和完整性，却无法支持搜索的功能。一种简单的解决方法是用户将存储在云平台的加密数据下载到本地，对解密后的明文进行搜索，这种方法的缺点是网络开销和计算开销太大，成本高且效率低。另一种方法是将用户的密钥发送给云服务器，由云服务器解密后，再对解密后的明文进行搜索，然后将搜索结果加密后返回给用户，这种方法的缺点是不能保证云平台服务器是安全的，用户将密钥发送给云平台服务器的同时就已经将自己的隐私完全暴露，将数据安全完全托付给了云平台服务器。因此，为了保护云存储平台中数据的机密性，同时提高数据的可用性，可搜索加密技术的概念被提出。可搜索加密技术允许用户在上传数据之前对数据进行加密处理，使得用户可以在不暴露数据明文的情况下对存储在云平台上的加密数据进行检索，其典型的应用场景包括云数据库和云数据归档。可搜索加密技术以加密的方式保存数据到云存储平台中，所以能够保证数据的机密性，使得云服务器和未授权用户无法获取数据明文，即使云存储平台遭遇个人或组织非法攻击，也能够保护用户的数据不被泄露。此外，云存储平台在对加密数据进行搜索的过程中，所能够获得的仅仅是数据被用户检索，而不会获得与数据明文相关的任何信息。

二、面向云平台的存储安全风险分析

在面向云平台的存储安全风险之前，我们先看几个案例。

案例1：

2013年7月31日OHM（Observe Hack Make是一个专为黑客、制造者和那些有探究精神之人举办的国际户外露营节，为期5天。）在荷兰Geestmerambacht举办，有3000人参与。由黑客提出了一种对机械硬盘的Firmware攻击的方法，它通过攻击硬盘控制器芯片88i6745，利用磁盘控制器中的跳转子函数（change Things In Cache）没有做检测和完整性校验的弱点，插入新的函数以替换原函数执行，因此在验证用户登录时，会不由自主地读取黑客预留下的用户名和密码，从而绕开安全管理机制。按照这种攻击方法，无论系统做得如何安全，对黑客而言，数据窃取也轻而易举。

案例2：

2014年1月25日，央视新闻频道曝光了全球首个安卓手机木马"不死木马"（old boot）。它会偷偷下载大量色情软件，造成话费损失，国内感染超过50万部手机。与以往所有木马不同的是，该木马被写入手机磁盘引导区，全球任何杀毒软件均无法彻底将其清除，即使可以暂时性地查杀，但在手机重启后，木马又会"复活"。随着"不死木马"的发现，其背后专门制造木马、刷入木马的黑色产业链也浮出水面。

案例3：

"云"是指在大型共享的服务器上存储数据。通过云存储服务，用户可以在任何有互联网连接的地方，通过个人电脑、智能手机等终端在云端存入或读取照片、视频、文本等文件。由于其空间具有不受限制、可供多平台访问等优势，越发受到个人和企业用户的看好。近些年来，各大互联网服务商和移动设备厂商纷纷推出云存储服务以增强用户黏性，随之而来的是用户信息安全面临新的挑战，重大敏感信息泄露事件时有发生。有关消息称，如果苹果用户开启"icloud照片流"功能，所拍照片就会自动上传至云端服务器，一旦服务器被黑客攻击，或用户的手机账户密码泄露，那么手机中的照片就暴露了。

上述三个案例中，案例1是专业黑客对传统磁盘（机械盘）的Firmware攻击（Firmware，质件，就是写入EROM或EEPROM中的程序），固件担任着系统最基础、最底层的任务；第二个案例，是对手机磁盘引导区的攻击；第三个案例，是对云存储的攻击，典型概括了当前在存储系统所面临的威胁。

1. 数据存储安全威胁

国际云平台安全联盟（CSA，Cloud Security Alliance）概括出云平台面临了九大威胁，其中与数据存储安全威胁的有三项。

（1）数据泄露

多租户云服务数据库设计不当，哪怕某一个用户的应用程序只存在一个漏洞，都可以让攻击者获取这个用户的数据，而且还能获取其他用户的数据。

（2）数据丢失

不怀好意的黑客会删除攻击对象的数据。粗心大意的服务提供商或者灾难（如大火、洪水或地震），也可能导致用户的数据丢失。

（3）数据劫持

如果黑客获取了企业的登录资料，其就有可能窃听相关活动和交易，并操纵数据、返回虚假信息，将企业客户引到非法网站。有可能的话，企业应该尽量采用安全性高的双因子验证技术。

2. 存储系统安全威胁

结合网络安全攻击以及 CSA 的归纳，存储系统存在如下威胁。

（1）网络安全威胁

1）网络攻击（如拒绝服务攻击）造成存储系统不能提供正常服务。

2）网络病毒导致服务出现异常或者功能丧失。

3）存储操作系统存在的漏洞导致被攻击。

（2）数据与用户隐私威胁

1）数据被非法读（包括保管不当或者存在越权漏洞）。

2）数据被非法修改（数据缺乏完整性保护，导致存储的数据被非法修改）。

3）用户对自己的数据有要求进行删除或者不被检索的合法隐私性要求，但是用户的要求可能无法获得满足。

4）数据被非法使用，如被大数据系统非法检索和关联分析导致的用户隐私泄露。

（3）管理威胁

1）云存储系统中的管理员非法挂接用户磁盘。

2）管理员缺乏细粒度的分权与审计。

（4）物理临近攻击

1）Firmware 被攻破并被移植后门（上面的案例 1）。

2）物理磁盘或磁带被偷。

3）天灾或人为损害存储磁盘。

其中，云环境中的数据隐私保护、大数据安全等方面的内容是新的威胁方式。

三、存储系统安全解决方案设计原则

存储系统安全解决方案包括以下几个设计原则。

1. 先进性原则

安全系统和设备必须采用专用的硬件平台和安全专业的软件平台，保证设备本身的安全，符合业界技术的发展趋势，既体现先进性，又比较成熟，并且是各个领域公认的领先产品。

2. 高可靠性

可靠性是信息化的基础，稳定性具有至关重要的作用；安全设备由于部署在关键节点，成为稳定性的重要因素。整个设计必须考虑到高可靠性因素。

3. 可扩展性

业务系统具有提升发展特性，数据中心也会不断地扩充变化，要求在保证数据安全的基础上，具有灵活的可扩展性。特别是对安全区域的新增以及原有安全区域扩充等要求，具有良好的技术支持。

4. 开放兼容性

安全产品的设计规范、技术指标，符合国际和工业标准，支持多厂家产品，从而有效地保护投资。

5. 安全最小授权原则

安全策略管理必须遵从最小授权原则，即不同安全区域内的主机只能访问属于相应区域的资源，对数据资源必须完全得到控制保护，防止未授权访问，保证信息安全。

四、存储系统安全解决方案架构

存储系统安全解决方案架构具体如下。

1. 数据保护层安全

通过解决方案对存储元数据实施保护，通常的方法包括存储加密、WORM（write only read many 一次写入，多次读出）、数据防病毒、备份与恢复等。

2. 系统保护层安全

对存储操作系统实施严密保护，目的是保护核心调度系统、存储操作系统的安全，包括对存储操作系统的访问控制、对 OS 的加固、控制器 Firmware 的安全性。

3. 云存储调度层安全

云存储调度层是中间层，对上提供数据访问接口，对下进行封装，屏蔽了存储操作系统的细节。这层保护主要包括一些安全 API、身份认证、日志与审计以及 OpenStack 环境中的 keystone 等内容。

4. 数据应用层安全

数据应用层，是用户直接通过 NAS/SAN 读取磁盘或者云操作系统以磁盘供给方式，提供给用户直接使用的层次，在整个系统层面处于最高层。这层的安全主要以网络安全、安全会话、（异常）流量检测、安全监控为主。

五、存储安全解决方案描述

1. 存储加密解决方案描述

存储加密有两种解决方案：一种是采用加密盘解决方案；另一种是采用加密卡的解决方案，下面对这两种解决方案进行描述。

（1）加密盘解决方案

加密硬盘，是指通过硬盘自身的硬件电路和内部的数据密钥（DEK，Data Encryption Key）完成写入数据加密和读取数据解密的功能。数据在写入硬盘之后，通过 DEK 的加密，变成加密信息，DEK 无法获取，这就意味着硬盘被拆除后，通过机械读取的方式无法还原原始信息。

加密硬盘需要使用 AK 和 DEK 两个 KEY。DEK 用来对数据进行加解密，对用户不可见，AK 是认证 KEY，由用户初始化，当加密硬盘的 Autolock 功能打开之后，对硬盘进行读写前需要先进行 AK 认证。

硬盘接入时，先到主机上获取硬盘的 AK，如果与硬盘上的 AK 匹配，则硬盘将加密后的 DEK 解密，在此之后的写和读将用此 DEK 进行加解密。如果 AK 与硬盘上的 AK 不相匹配，则任何读写操作都将失败。

AK 的管理是密钥管理的核心。密钥管理系统采用 CS 模式，第三方密钥管理服务器作为 Server 端，存储设备集成密钥管理 Client 端。密钥的产生、存储、管理、撤销、销毁等操作，由 Client 通过 KMIP（Key Management Interoperability Protocol）协议接口发起指令，Server 接受指令并完成相应的操作。密钥存储的安全性由 Server 保证，密钥交换过程的安全性由加密安全通道保证，存储阵列控制器不保存密钥，只作为加密模块（自加密硬盘）与密钥管理服务器之间的密钥交换代理。

（2）加密卡解决方案

加密卡解决方案是在存储控制器上插入一块接口卡（一般是 PCI-E 接口），当数据流经存储控制器时，通过 I/O 转发和重定向的方式，数据被送到加密卡，经过加密以后再进行下盘操作的流程。

其中，阵列内置加密卡，实现加解密运算；PCI-E 接口的加密卡，实现对称数据加密算法，单卡处理能力根据卡和算法特点有所不同；密钥管理服务器，实现密钥安全存储、安全分发及生命周期管理；存储控制器开发密钥管理 client，通过加密安全协议与自研密钥管理服务器对接，实现密钥生命周期管理。

2.WORM 解决方案描述

WORM（Write Once Read Many），是指一次写入、多次读出的技术，在一些对归档及取证有特殊要求的场景，WORM 是非常重要的技术。这里主要描述基于软件的方法实现的 WORM，存储网络工业协会（SNIA）定义的 WORM 是指数据集合的一致性拷贝，用以长期持久地保存事务或者应用状态记录。一般情况下，数据归档通常用以审计和分析，而不是用于应用恢复。

极其严厉的《塞班斯法案（Sarbanes-Oxley Act，简称 SOX 法案）》，是在美国"安然""世通"等一系列经济丑闻爆发后颁布的。实施该法案对上市公司的成本而言是很大的，它对于内部控制、信息披露以及对控制、披露工作不适当的惩罚都是极致的。

法案将证据的保存责任明确到上市公司，因此上市公司必须制定完善的制度流程和使用合适的设备来确保履行自己的责任。

使用 WORM 设备及归档系统可有效地帮助客户完成证据保存责任，并有效减少人为因素造成的管理责任，以下是典型的归档产品解决方案特点。

（1）业务功能

1）支持自动 / 人工的数据归档 / 出库操作。

2）支持按策略存储的数据（顺序写盘、文件分组集中存储、分近线和离线区域存储等）。

3）按用户分权和文件密级的访问控制。

4）支持文件切割与合并（可选功能）。

5）支持文件搜索（按文件名、时间段等条件）。

（2）可靠性

1）支持动态识别新上线的硬盘、节点的文件信息。

2）支持按策略文件多副本归档（无副本、2 个副本、多副本）。

3）支持控制器负荷分担，元数据备份。

4）支持异地容灾备份。

5）支持数字水印、MD5 加密。

6）支持文件完整性校验（可选功能）。

（3）可维护可管理

1）支持维护管理特性（状态监控、告警、日志等）。

2）支持多种节能模式。

（4）可集成性

1）控制器可在线加载新的功能服务，实现功能扩展。

2）对外提供标准的 WebService API 接口。

3.NAS 防病毒解决方案描述

存储系统中保存了大量的用户文件，这些文件可能会被病毒所感染，这时需要由防病毒软件清除处理。NAS 防病毒项目采用第三方防病毒软件，当用户访问 NAS 系统中的文件时，会实时触发防病毒扫描处理，如果扫描结果没有病毒或病毒被清除，则用户可以继续操作，否则用户的文件访问被拒绝。

NAS 防病毒系统支持主流防病毒软件，支持使用 ICAP（Internet Content Adaptation Protocol）协议的主流防病击软件（McAfec、Symantec、Kaspersky 和 Trend Micro），且支持用户可以配置多个防病毒服务器。允许管理员设 On-Access Scanning 和 On-Demand Scanning 两种防病毒策略，应该支持针对文件系统进行防病毒属性配置和查询，允许管理人员查询文件系统的防病毒情况。防病毒服务器故障会导致 ICAP 响应超时，启动故障探测，探测报文失败则设置的具体防病毒服务器故障启动故障测试，防病毒服务器恢复好后将再次启用该服务器。

防病毒主要功能如下：

（1）支持主流防病毒软件的代理。

（2）支持配置防病毒参数。

（3）支持 On-Access Scanning 策略（用户 open 文件时触发扫描病毒，用户 close 文件时触发扫描病毒）。

（4）支持 On-Demand Scanning 策略（用户在命令行启动扫描任务，用户在命令行创建定时或即时扫描任务）支持多 AV 服务器。

（5）支持启动和关闭防病毒服务。

（6）支持查询、删除、修复和恢复隔离文件。

（7）支持查询和删除杀毒日志信息。

存储设备与防病毒服务器之间，可以通过业务网络连接也可以通过独立的网络连接；他们之间的网络带宽最低要求 100MB，推荐使用 1000MB 网络。客户端通过网络访问存储设备共享的文件时，触发了病毒扫描；存储设备的 AV 模块读取文件内容，通过 ICAP 协议再发送给防病毒服务器，防病毒服务器处理后返回给存储设备；存储设备再将扫描后的文件内容重新返回给客户端。

第四章　数据和存储网络安全

这一章介绍在云、虚拟化网络和存储环境中保护数据的基础设施资源，以应对各种内部和外部威胁的风险和其他与安全相关的挑战。同时具备好的防守（具有多个层面、多重防护）和强力的进攻（积极主动的策略），才能在保护资源的同时焕发出生产力。本章中讨论的关键主题包括移动过程中静止授权、验证时的数据保护、物理保护。关键词包括多租赁、盲点（暗区或暗云）、加密和密钥管理、数据丢失防护（DLP）和自我加密磁盘驱动器（SED），后者也称为受信任计算组（TGC）OPAL 设备。

第一节　数据安全的概述

一、被保护，不害怕

随着 IT 的发展超越了相对安全可靠的数据中心和拥有 Wi-Fi 的移动与互联网数据接口的内部物理网络，数据的安全性变得比过去更加重要。可远程访问的云、虚拟机（VM）和存储网络使得 IT 资源的访问变得更加灵活，可以为局域网和广域网的人员、用户及客户提供对应的帮助。但是这种灵活性也使公开信息资源和数据受到了安全威胁。这意味着增加任何需求都要在数据保护和业务效率之间进行权衡，网络存储让存储和信息资源能够远距离地在安全数据中心外被访问，这就需要更多的安全保护。

虚拟和物理 IT 资源的互联以及应用程序或服务的传送也不断增加了人们对安全问题的关注。例如，一台没有联网的、独立的服务器和专用的直接附加的有安全物理性能和逻辑访问的存储器比连接到具有通用访问性的网络服务器更安全。然而，独立的服务器具备灵活访问网络服务器所必需的易用性，正因为这种灵活的访问和其易用性，所以需要额外的安全措施。随着以促进距离为目的的基于 IP 网络等新的扶持性技术的应用，安全的威胁及攻击也随之而来，这些攻击可能由于政治、金融、恐怖、工业或纯粹娱乐的原因。

网络安全从其本质上来讲就是网络上的信息安全。从广义来说，凡是涉及网络上信息的保密性、完整性、可用性、真实性和可控性的相关技术和理论都属于网络安全研究领域。网络安全是一门涉及计算机科学、网络技术、通信技术、密码技术、信息安全技术、应用数学、数论、信息论等多种学科的综合性学科，既包括网络信息系统本身的安全问题，也有物理和逻辑的技术措施。

需要强调的是，网络安全是一个系统工程，不是单一的产品或技术可以完全解决的。这是因为网络安全包含多个层面，既有层次上的划分、结构上的划分，也有防范目标上的差别。在层次上涉及链路层的安全、网络层的安全、传输层的安全、应用层的安全等；在结构上，不同节点考虑的安全性是不同的；在目标上，有些系统专注于防范破坏性的攻击，有些系统用来检查系统的安全漏洞，有些系统用来增强基本的安全环节（如审计），有些系统解决信息的加密、认证问题，有些系统考虑的是防病毒的问题。

任何一个产品不可能解决全部层面的问题，这与系统的复杂程度、运行的位置和层次都有很大关系，因而一个完整的安全体系应该是一个由具有分布性的多种安全技术或产品构成的复杂系统，既有技术的因素，也包含人的因素。用户需要根据自己的实际情况选择适合自己需求的技术和产品。网络越来越先进，人们对它的依赖性也在与日俱增，关注网络畅通、防止网络被破坏、担心私密信息被对手获取等都是正常心理，但为了各种不同的目的，破坏网络、改变信息和窃取信息等行为一直在"发展"，人们对安全保密的需求一直在发生改变，伴随着这一对"矛"与"盾"的不断发展，安全保密技术措施不断翻新。

二、消除盲点、覆盖范围上的断层和"黑暗领域"

信息安全和相关的资产是 IRM 中重要的组成部分，其中包括数据管理和采用不同级别的保护、应对各种风险。业务和危险分析应该时常确定哪些需要进行加密、可使用的级别及加密程度，消除暗区、盲点和覆盖中的缺陷也很重要。

盲点或覆盖范围上的断层并不是唯一的安全问题，敏捷性、灵活性、活力、弹性和环境融合性都需要依靠适时的资源和服务交付的态势感知。

当要以电子方式通过网络或物理媒体移动数据时，可能会知道何时何地转移了数据，并预估到达的时间（ETA），但数据在传送或在飞行的过程中经过哪里？有谁在未加密的时候访问了数据或者看到了其中的内容？能利用可审核的路径或活动日志证明数据被移动或者偏移了规划好的路线路径吗？

在运输行业中，"暗区"这个词在历史上被铁路用作极少或者根本没有管理的区域。其他与运输有关的术语还包括"盲点""盲飞"，用来表示对情景认知的缺失而导致的管理控制的失效。和云、虚拟化数据存储网络相关的是，"暗云"可以被视为一种对访问者而言没有被充分了解和感知的资源。

例如，数据需要被移动到公共的异地远程私人供应商那里，一旦数据和应用程序被公共或私人供应商使用，通过什么样的方式才能用安全的信息和相关的资料来告诉我们数据是安全的？什么时候信息通过电子手段，使用网络或运用可移动媒体（Flash SSD、普通硬盘 HDD、可移动硬盘 RHDD、CD、DVD 或磁带）进行大容量移动？例如，要移动大量数据到云或者服务供应商处，数据的磁带副本就可能会被制作出来，并用在远程站点上，然后通过远程站点复制到磁盘上。那么磁带会发生什么样的状况？它被存储还是被摧毁了？在数据传输过程中又是谁访问了磁带？

三、安全威胁风险与挑战

IT 云、虚拟化、传统数据中心与系统、应用程序及其所支持的数据都存在许多不同的风险。这些风险的范围从技术失败到意外及预谋的威胁。通常人们认为大部分的风险来自外部，而实际上，大部分威胁（除了自然的动作以外）都是来自内部的。虽然防火墙及其他防线共同抵挡了外部的攻击，但对内部威胁的强大保护也是必不可少的。另一个在 IT 网络中常见的安全威胁是环境中的"核心"系统或应用程序还不够安全。例如企业备份、恢复系统的低级密码控制、虚拟系统、管理界面太过普通，以至于用常识就能更改。

威胁可能是物理上或者逻辑上的，比如数据缺口或病毒。不同的威胁风险需要不同的应用程序、数据、IT 资源（包括物理安全）有多个不同的防御层次。虚拟数据中心依靠逻辑和物理安全，逻辑安全包括对文件、对象、文档、服务器、存储系统的身份验证、数据加密的用户权限和访问控制。

1. 其他常见的威胁风险

（1）逻辑上或物理上的，从内部和外部信息源入侵。

（2）网络犯罪、病毒、僵尸网络、间谍软件、工具包和拒绝服务（DoS）。

（3）盗窃或恶意破坏数据、应用程序和资源。

（4）数据丢失、错放、被盗用的网络带宽。

（5）执行标准和信息隐私。

（6）使用公共网络时信息曝光或 IT 资源访问。

（7）内部或外部的未经授权的窃听。

（8）从私人物理存储转移到虚拟和公共的云资源。

（9）盲点或暗区的可见性或者透明度的损失。

逻辑安全的另一个方面是对虚拟或物理数据信息的主动破坏。比如，当磁盘的存储系统、可移动的磁盘或磁带、笔记本电脑或工作站被销毁时，数据破坏就可以确保所有记录的信息都被安全地彻底删除。逻辑安全还包括如何对不同的服务器分配、映射或屏蔽存储，且包括分区、路由和防火墙等手段的网络安全。

云和虚拟环境的另一个挑战是使各种客户或业务功能应用和数据在同一个共享环境中保持独立状态。依据分享和多租户解决方案的级别，以及特定客户、客户端或者是信息服务消费者安全和监管的要求，数据需要不同级别的隔离和保护。比如，单独的逻辑单元（LUN）或者文件系统中拥有不同的客户或应用程序配置吗？对安全关注型应用程序或数据而言，需要单独的物理或逻辑网络、服务器和存储吗？

2. 额外的安全挑战

（1）居次要地位和集中管理的共享资源。

（2）手机和便携式媒体、PDA、平板电脑和其他设备。

（3）加密和重复数据消除、压缩和 eDiscovery 相结合。

（4）孤立的数据、存储和其他设备。

（5）分类应用程序、数据和服务级别目标（SLO）。

（6）非结构化数据增长，范围从文件到语音、视频。

（7）融合网络、计算和存储硬件、软件与堆栈。

（8）多样性日志文件的数量、监测及分析。

（9）工具和人员的多语言支持。

（10）自动化的基于策略的资源调配。

（11）管理供应商以及访问权限或结束点。

除以上所述，其他的挑战和要求包括 PCI（支付卡行业）、萨班斯法案（SARBOX）、HIPPA 等。云、虚拟化和数据存储的安全要求已发生变化，包括司法管辖权的具体条例、欺诈和数据泄露检测通知、数据加密要求、可审核事件及访问和活动日志。

第二节　采取行动以保护资源

网络和系统安全是正常时期及服务中断时期的关键，拒绝服务攻击易造成中断和混乱，已成为新的威胁。因此需要考虑一些安全问题，包括物理和逻辑安全、数据加密、虚拟专用网络（VPN）和虚拟局域网（VLAN）等。网络安全应从核心延伸至远程访问点，例如家、远程办公室和恢复站点，安全防护必须设置在客户和服务器（或者 Web）及服务器和服务器之间。保护本地环境具体包括对工作计算机的限制、对 VPN 的使用、对病毒检测及系统备份。离安全物理环境越远，安全性就越重要，尤其是在共享的环境之中。

常见的与安全有关的 IRM 活动包括：

·授权和身份验证的访问。

·加密、保护传输中的和静态的数据。

·监控和审核活动或事件日志。

·授权或限制的物理和逻辑访问。

与许多 IT 技术和服务一样，威胁和风险问题有很多种，因此需要不同层或环的保护。多防护环或防护层概念的提出，确保了在对应用程序及数据提供必要保护的同时仍有较高的生产力。通常应用程序、数据、IT 资源是安全的，并有防火墙的保护，实际上，如果防火墙或者内部网络受到了攻击，又没有多层安全保护，那么其他的资源也会被攻击。因此，防止外部威胁和内部威胁入侵的关键是布置多个保护层，尤其是在网络访问点周围。从保护物理设备和环境到保护逻辑软件和数据还有很多事情可以做。安全覆盖范围的可见性应该拓展，覆盖范围从物理到虚拟、从私人到公共及管理服务供应商（MSP）。其他保护形式还包括通过各种技术管理组（服务器、操作系统、存储、网络、应用程序）以融合协调的方式保护分离的管理职能。这就意味着需要建立跨技术管理领域和相关能见度及审计工具的策略和程序。安全还包含了加密、证书、授权、身份验证和数字版权管理。

一、物理安全

物理数据保护意味着保护设施、设备及授权访问管理界面和工作站。

物理安全的项目包括：

1. 物理卡和 ID。

2. 存储介质、资产安全与安全处置。

3. 适当的审计，控制已删除数据的安全销毁。

4. 锁定设备室、安全文件柜和网络端口。

5. 资产跟踪，包括便携式设备和个人访问设备。

6. 限制照片或照相机在数据中心的使用。

7. 合适的设施及路牌广告数据中心。

8. 针对火灾、洪水、龙卷风和其他事件而加固的设备。

9. 安全摄像机或警卫的使用。

另一个方面的物理安全包括确保数据在以电子方式经由网络或物理上的移动或传输是受逻辑上的保护的，如加密和物理上的保护（审计追踪和跟踪技术）。可以改造现有磁带，运用外部物理条码标签，包括嵌入式 RFID 芯片。RFID 芯片可以用来快速盘点媒体存储，方便追踪或消除丢失的媒体数据。其他的增强方式还包括运用全球定位系统和其他技术的追踪设备。

随着服务器、存储和网络设备密度的提高，更多的电缆连接被要求投入到给定的设备中。为了进行网络及 I/O 连接的管理和配置，交换机等网络设备常常被集成或添加到服务器和存储阵列中，例如顶部式、底部式或嵌入式网络交换机，在服务器内部聚合了网络和 I/O 连接，以简化交换机的连接。

电缆管理系统（包括修补面板、集线装置以及顶部和地下应用的扇入、扇出布线）对有效组织电缆连接具有很大帮助。电缆管理工具包括对光纤缆线、信号质量和噪声损失的诊断，对连接器的清洗以及对这些电缆资产的管理和跟踪。一个技术含量相对较低的电缆管理系统，包括物理标签电缆终结点用以跟踪电缆的用途与电缆总账。电缆分类账，不论是手工维护还是使用软件，都可跟踪状态，包括在服务中有哪些需要维护。跟踪和管理布线软件可以像使用 Excel 一样简单。

服务器、存储和网络 I/O 虚拟化的另一个组件是虚拟修补程序，它通过对传统物理层的添加、丢弃、移动等抽象操作，屏蔽了具体操作的复杂性。大型的动态环境与复杂的布线要求确保布线的物理互联性，虚拟修补面板是 I/O 虚拟化 I/O 切换和虚拟适配器技术的一个补充。

物理安全性可以通过上述项目的完成来保证，例如，保证所有交换机端口（包括修补程序面板和电缆运行在内）的相关电缆和基础设施的可靠性。更复杂的示例包括启用入侵检测以及启用探头和其他工具来监测广域网交换机间链路（ISL）等关键环节。例如，一个监测设备可以跟踪并对重要或敏感的 ISL 链路损耗、信号损失和其他可能会显示为错误警报的低级事件发送告警信息。此信息可以和其他信息相关联（包括维修记录），以查看是否有人在这些接口上执行工作或它们是否已经以某种方式被篡改。

二、逻辑安全

逻辑安全是对物理安全的补充，其重点是申请或数据访问的项目。逻辑安全包括授权、身份验证数据、多租赁的数字权利管理和加密。

1. 本地或远程基础上的逻辑安全领域

（1）结合数字版权管理的密码强制规律性变化。

（2）用户证书和个人权利的授权认证。

2. 逻辑存储分区或虚拟存储系统

（1）防篡改、审计、跟踪和具有时间、地点、人物的访问日志。

（2）在静态（储存）或在传送（通过网络）过程中的数据加密。

（3）安全服务器、文件系统、存储、网络设备和管理工具。

三、破译加密

IT 专业人士一个共同的关切点是意识到加密密钥管理实施复杂性及多级别数据安全需要面对的应用风险。另一个共同关切点是真实或假想的异构能力缺失及供应商的选择。密钥管理被认为是磁带、磁盘（静态数据）和文件系统的安全障碍。

通常情况下，最重要的主题是密钥管理的复杂性及其难以实现的特性。由于担心丢失密钥而不保护数据，特别是传输中的数据，类似于害怕丢失钥匙而不锁车门或房门。有多种密钥管理解决方案，其中部分方案支持多个供应商的密钥格式和技术。

使用加密来保护基于逻辑（网络）运动及物理飞行中或运动中的数据。除了飞行中的数据外，其余基于短期、长期保存或归档的数据同样需要加密，执行加密有很多不同的方法及适用的位置。加密可以放在应用程序中（如 Oracle 数据库或 Microsoft Exchange 电子邮件），也可以通过操作系统、文件系统、第三方软件、适配器及驱动程序进行加密。

可以进行加密的地方如下：

1. 云的入网点（CPOP）或网关接入。

2. 服务器、存储器或网络设备之间的设备。

3. IRM 工具，如备份 / 恢复、复制和归档工具。

4. I/O 适配器、WAN 设备及协议，如 TCP/IP、IPSEC 协议。

5. 控制器内的存储系统与设备。

6. 磁带驱动器和自加密硬盘（SED）。

此外，加密可以在标准硬件及自定义硬件上完成。

四、多网络互联的安全保密模式

在军事信息系统网中，常常会有这样的需求，即两个安全级别不同的网络需要互联互通。如果这样的两个网直接相连，则可能会出现许多安全隐患，并危及高安全级别网络。有时，为了保证高安全级别网络的安全，不得不采用物理隔离等极端的措施，但这又带来信息不能共享的问题。因此，"隔离"和"共享"始终是一个相互矛盾的问题。较理想的情况是：应允许网络系统运行在网络互联、信息互通的开放式和分布式信息处理的环境下，以支持信息资源共享，但应具有区分各种密级上的信息和用户多种活动的能力，即既要保证互联又要保障互联网络和信息的安全。

1. 网络及设备的分级

（1）网络的分级

不同的网络，由于传输的信息密级、配置的级别不同，使用对象不同，其秘密等级各不相同，对网络的不同密级划分构成了不同安全等级的网络分级。

根据传输信息密级可以分为绝密级、机密级和秘密级等多种级别的网络。

根据配置使用环境不同，可以分为战略级、战役级和战术级等多种级别的网络。

根据使用对象不同，可以分为高级指挥员、中级指挥员、低级指挥员和作战人员等不同级别的人员使用的网络。

（2）设备的分级

同一类型的保密设备根据不同的需求，配置在不同的地方，其密级也各不相同。有些保密设备配置在指控系统中，传送的是密级较高的各种决策命令、人员调动、作战行动等信息。有些保密设备配置在一般的通信网络和系统中，用于向上一级汇报工作情况、向下一级下达工作安排、同级间的信息共享等方面。保密设备本身的密级划分称为设备分级。另外，在信息系统中传输或存储的信息具有多样性，涉密程度也不尽相同，其信息分别属于核密、机密和秘密等级别，这种划分称为信息分级。要求所涉及的保密设备具有一定的灵活性，能在不同密级的网络间、不同密级设备、不同的信息处理密级间进行灵活转换、控制。

2. 多级安全的互联互通

无论是网络分级、设备分级，还是信息分级，追根究底都是保密设备对传输、存储的信息按不同的秘密等级进行加密处理而言的，所以，在进行密码算法设计时，为了适应对不同密级信息的处理，要求所设计的密码算法具备多级性。

不同密级的保密设备间的互联互通，应该遵循以下规则。

（1）不允许反向跨级别访问：例如士兵在一般情况下不能越级与将军通话。

（2）对信息密级处理时，允许用高密级算法加密低密级信息，而绝对不允许用低密级算法加密高密级信息。

（3）不同等级网络间的互联互通，要求必须进行隔离和协议转换处理。

（4）多密级保密设备发送的信息密级不能高于保密设备密级。

（5）配置于通信网络的保密设备密级不能低于网络的安全等级。

多级安全的互联互通包含的各种情况见表 4-1。

表 4-1　多级安全互联互通的各种情况

多级安全互联互通	同构保密网络	相同密码算法	不同密级网络间
			同一网络中，不同级别保密设备间
		不同密码算法	不同密级网络间
			同一网络中，不同级别保密设备间
	异构保密网络	同级别安全保密终端的互联互通	
		具有多密级密码算法的安全保密终端的互联互通	

在网络内部，不同密级的保密设备互联时，除了保证信息的互通性外，还应保证信息的安全性，并使信息损失最小。

在不同网络之间，安全保密系统互联时应设置网间互联安全隔离控制设备（如互联保密网关设备），以实现不同安全等级网络互联的安全保密要求。

3. 互联保密网关设备

互联保密网关设备是不同保密网络之间进行保密互通的关键设备，是实现各种不同保密通信网络融合的关键设备。

（1）互联保密网关的主要特点

1）支持多种密码，具有密码转换功能，可实现不同网络的保密用户之间的密码算法转换。

2）支持不同网络之间保密互通时的密钥管理，保障不同加密体制下的保密互通。

3）具有通信协议和信令的自动转换功能，可实现不同通信协议的网络之间互联的协议转换和适配。

4）网络接入透明支持：设备以透明模式接入网络，无须更改网络其他设备配置信息。

5）信息交换透明支持：系统对用户完全透明，用户端不需要安装附加软硬件，不需改变应用模式，不需更改安全保密配置策略。

（2）互联保密网关在网络中的应用

互联保密网关跨接于不同的保密网络之间，实现不同密码体制、不同密级、不同网络通信技术体制的转换。

第三节　保护网络

一、保护网络

有几个主要用于保护存储和数据网络的重点领域，其中包括保护网络及其接入端点、保护飞行中的数据及存储位置（本地或远程）、保护网络传输及管理工具或者是接口的链接。网络安全涉及物理和逻辑的活动和技术，物理活动包括防火墙、保护终结点和对电缆连接器、界面或管理工具的访问。物理安全同样意味着针对应用程序和功能有不同的网络。

逻辑网络安全涉及访问控制、物理上的连接，以及逻辑上隔离的多租户环境下的虚拟专用网络（VPN）、虚拟 LAN（VlAN）和虚拟 SAN（VSAN）的受密码保护的工具。传统的网络交换机已成为互连各种设备或用户的外部物理设备，作为管理程序一部分的虚拟交换机存在于虚拟服务器的内存中，其功能类似于物理交换机，在 VMware vSpehere 环境中存在的 Cisco Nexus 1000 就是实例之一。

1.VPN、VLAN 和 VSAN 的关注点

（1）在传输和静止时数据的加密。

（2）物理和逻辑媒体跟踪（主 / 备份）。

（3）防火墙和端点保护。

（4）主动预防性检测、数据丢失或泄漏保护。

（5）主动预防性审查、分析事件日志及与已知基线的比较。

（6）利用自动化主动检查、扫描并发出警报。

（7）对静态数据的加密和密钥管理。

（8）根据持续的审计对员工、承包商和供应商进行筛选。

（9）利用两个或多个成员的信任模型的超安全应用程序。

（10）重要信息、需要保留信息的多个副本。

一个频繁出现的问题是虚拟交换机是否是网络问题或服务器管理主题，以及不同群体之间的分界线在哪里，当网络和服务器团队是大组织的一部分时，对于某些环境来说，解决方案将更容易，且可以协调其活动。例如，网络团队可能会授权服务器管理人员访问虚拟网络交换机和虚拟监测工具，反之亦然。

2. 联网和 I/O 安全主题及行动项目

（1）安全管理控制台、工具和物理端口上的技术。

（2）启用 IT 资源入侵检测和警报。

（3）检查网络漏洞，包括丢失的带宽和设备访问操作。

（4）物理安全的网络设备、布线及接入点。

（5）保护网络免受内部及外部威胁。

（6）在网络上执行飞行中其余部分数据的加密。

（7）对某些 IT 资源限制访问权限，同时保持生产力。

（8）利用 VLAN、VSAN、VPN 和防火墙技术。

（9）实现光纤通道 SAN 分区、身份验证和授权。

（10）启用逻辑安全和物理安全。

（11）为服务器、存储、网络和应用程序使用多个安全层。

（12）使用专用网络，结合合适的安全和防御措施。

（13）跨 IT 资源实现密钥和数字权利管理。

对于控制访问和在单个、两个或多个交换机组成的单一系统中通信不畅的现象，可以使用以下的技巧。访问控制策略是使绑定关联设备与包括服务器、附加端口、交换器及控制器在内的器件进行联系。创建访问控制列表（ACL）可以实施与安全政策 SAN 组件之间的连接，ACL 实现设备切换访问策略（端口绑定），切换到交换机（交换机绑定）以及构造绑定，绑定可用于确定什么设备可以连接到对方，而分区可用来确定设备与端口之间的通信。

基于结构的世界通用名称（WWN）软分区是常用的行业标准，特别是在开放的异构环境中，在无须更改区域的情况下，可以灵活地将设备从一个端口移动到另一个端口。这意味着区域可跟随设备，也就是说该区域被绑定在该设备上。例如，当替换一个磁带驱动器时，该区域必须进行修改，以反映这个新的设备以及其 WWN。当 VM 从一个 PM 移动到另一个 PM，同时硬件地址改变时，WWN 和分区对于使用光纤通信的虚拟机会产生一个分支结果。一种解决方案是使用 N-Port ID 虚拟化（NPIV），在虚拟机上建立关联关系，在不改变分区的虚拟 N-Port ID 的情况下将虚拟机移动到不同的物理机上。

与传统网络和存储接口通过存储网收敛一样，网络也存在收敛性。当 IP 和以太网与超出 NAS 文件共享（NFS 和 CIFS）机制面向广域网的存储网络进一步融合，更需要理解这种相对安全体制及其所对应的关系，VLAN（虚拟局域网）标签是 IP 网络领域内光纤通道部分的副本用以分割和隔离 LAN 的通信量。

信息时代的来临代表着信息技术正在迎来高速的发展，其已经被广泛应用到人们生活的方方面面。大数据是信息时代背景下所产生的一种新的思维方式，通过大数据的应用，也为我国的经济提升、经济安全和社会稳定提供了充分的保障。我国的网络技术和信息技术已经得到了高速开发，但伴随而来的是逐渐升高的网络安全隐患。

大数据发展到现在，已经不是数据简单的数量庞大和形式多样了，它的范围越来越广泛，也正逐渐被各行各业所运用。大数据主要以海量数据、多样化的形式、高速度的运算等为主要特征，各行各业也是看到大数据的这些特征，根据企业的发展现状将其结合起来，从而推动企业和行业的发展。在大数据背景下，无论是移动设备，还是传感系统，又或者是互联网社会，都在不断地进行着数据库的建立和创新。随着数据的不断发展，其多样性也在不断地扩大，非结构化也成为数据发展的一大显著特征，并逐渐占领主导地位。不仅如此，大数据背景下的数据利用分布式的运行体系，在云计算的基础上，通过集群方式对搜集到的信息和数据进行分析和处理，从而不断地提升数据传输的效率。同时，还会利用引擎等技术的发展，给数据和信息的分析和处理提供更加高效的加速器。大数据的发展速度如此之快，却仍然有着非常庞大的发展空间，能否将数据的价值最大化地利用成为各行各业的竞争手段。

通常影响数据安全有两种：一是因为各种原因将信息内容泄露，进而导致信息没有机密性；二是信息破坏，这种情况一般都是其他人或者软件进入信息内部将源文件信息销毁或篡改。信息泄露通常情况下是未经本人授权，他人非法盗取并将其利用，给本人造成一定的损失。虽然目前大多数网络信息内容都拥有识别保护系统，但是大数据保护机制并不完善，自身有一定的缺陷，很容易破坏其保护系统。再对信息进行盗取以及破坏，再加上许多用户对于隐私数据保密不严谨，没有对相关信息内容进行加密工作，使得信息很容易产生泄露，给用户带来较大的负面影响。通常产生这些原因是系统被破坏产生故障，一些病毒进入信息里将其破坏，使得内容被删或者篡改，破坏原来的结构，使得信息不完整。

大数据背景下信息技术的广泛应用为经济、社会的发展提供了巨大的支持，经济生产、建设、社会管理方面的信息化程度也逐渐提高，信息数据的收集和传输规模也越加庞大。其中不但包含了一些人们身份信息和金融交易、网络社交数据、地理定位信息等还包括了众多的商业机密以及重要的军事信息，这些信息内容非常的繁杂和巨大，通过对数据的实时搜集和交换处理甚至可以构成完整的生活状态和事件的发生过程。如此巨大的信息数据传输和汇集，必然会被一些不良分子加以利用进行一些违法活动，而面对着网络大量的数据交换和传输路径，信息的安全覆盖范围必然无法做到全面的保护，随之也就发生了网络安全隐患。

首先，要对数据库的系统进行全面的防护，定期进行扫描和检测，检测系统是否存在漏洞，并及时地采取措施对漏洞进行处理，避免漏洞的出现给非法人员提供可乘之机。

其次，还需要提高系统对病毒的防护能力，事实证明，大多数都是黑客通过漏洞进行入侵，然后导致数据库中的信息丢失，甚至被窃取。因此，在选择系统的时候，就要将安全性、可靠性作为选择数据库系统的原则和基础。同时，要想提升数据库中文件的安全性，还可以为数据库中的文件进行加密设置，并设置访问权限，一般用户是没有办法访问这些加密文件的，必须通过权限的认证或者是密码的验证才能够访问。而设置加密文件一般有内部加密和外部加密两种方式，需要根据数据库的实际情况选择加密方式。

在科技大幅度进步的情况下，在进行数据处理的过程中，需要充分利用和保护科学技术和文化因素，这些因素涉及数据治理工作水平的提升。在进行数据处理工作的时候，需要树立大数据的治理意识，需要充分考虑到数据处理的技术和文化氛围，数据处理的文化氛围、技术氛围就是数据治理的外部环境因素。在开展数据处理工作的同时，也需要加强数据处理工作的基础设施建设，选用科学的技术手段提升数据治理的高效性和安全性，提升数据处理的安全保护程度，将数据治理的内部环境梳理好，建立良好的数据处理内部环境。

数据加密是自古以来就有的技术，如在古代就有矾书、冰心笺等方式对信息加密，而在大数据网络安全的背景下，更加完善的各类加密技术能更好地适应当今网络信息安全的需求，当今对数据的加密技术主要分为两类，对称加密技术和非对称加密技术。对称加密技术使用同样的密钥进行加密和解密，因为加解密的密钥相同，所以其运行速度是最快的，其缺点就是密钥相同，管理和传送密钥是一个难题，其安全性低于非对称加密技术，典型的对称加密算法有 DES。非对称加密技术与对称加密技术的不同之处在于其加密和解密使用的是不同密钥，公钥公开，私钥掌握在使用者手中，因此其安全性要高于对称加密技术，相对于对称加密技术其缺点在于时间过长，而且加密的数据较少，典型的非对称加密算法有 RSA、ECC 等。

对数据进行备份也是一种比较稳妥的安全措施，大量事实证明，即使对数据库系统采取了全方位的保护措施，却无法保证数据库在运行过程中不会出现故障，而一旦出现故障，数据和信息的丢失就会降低工作效率。因此，对数据进行备份能够确保在系统出现故障而导致数据丢失时，还能够利用备份数据，降低损失。数据备份的方法主要有三种，第一种是普通的数据备份方法，就是将数据和信息备份到另一个设备上，这种数据备份是可以通过内网进行数据的传递，而且传播速度比较快，操作起来也比较简单，但是也存在一定的缺点，如果发生安全故障，备份数据也会受到无法挽回的损失，并且无法恢复。第二种是异地数据备份，将数据和信息备份到异地的设备上，这种数据备份的方法安全性比较高，数据也可以得到恢复，但是对网络有着比较高的要求，成本也比较高。第三种是节点储存法，顾名思义就是将需要存储的数据和信息分成多个节点进行储存，每个节点上都是一个独立的存储单位，如果一个节点出现错误，系统就可以自行完成切换，从而对数据进行恢复，最大化地减小损失。

二、新型网络安全技术

从微观层面说，网络安全影响着每个网络用户的隐私和信息安全。从宏观层面分析，随着网络应用的不断增加，网络安全对国家的稳定、发展和安全产生了重要影响。

1. 隐藏及相关技术

信息隐藏是将消息嵌入某种载体以实现隐蔽通信、存储或认证的一种技术。目前可以实现各种格式消息内容隐藏在几乎所有普通的多媒体文件中，实现数据伪装后本地存储与网络传输，最终实现重要数据不被第三方关注的目的。

近年来现代信息隐藏技术与恶意代码、僵尸网络等工具结合成为情报获取和网络突防的利器，是典型的"非对称"技术。另外，随着大数据、云计算的发展，大众隐私泄露问题也日益严重。特别是深度神经网络，计算机视觉技术的发展使得图像内容隐私保护变得尤为困难，而信息隐藏技术在多媒体内容隐私保护方面可以发挥独特作用。

传统的加密技术是一种"内容安全"技术。大数据时代，依托传统的加密技术实现的数据安全受到极大挑战，主要体现在：加密技术使得加密信息以乱码的密文形式存在，数据汇总后，密文数据在整体数据比例中占比低于3%，容易引起关注，从而成为数据挖掘的重点。

信息隐藏技术是一种"行为安全"技术。大数据时代，与加密技术进行互补，实现"内容安全"与"行为安全"的完美融合。随着移动互联网、大数据技术的进一步发展，网络安全将从传统的"内容安全"向"行为安全"转变，基于信息隐藏技术应用在大众等市场将会得到更多的应用。围绕信息隐藏的正向、反向的攻防战也将展开。

信息隐藏技术在大众的隐私保护、版权保护、防攻击等方面也有明确的需求。最容易想到的应用是基于水印技术做版权保护，但版权保护并不具备大众属性。其实，一个更普遍的应用需求是隐私保护，比如智能手机的快速普及，与智能手机强关联的手机云、云盘、网盘大行其道，大众把个人的图片音视频等文件上传到第三方的云盘上作为备份。

霍金与马斯克的担忧离我们并不遥远，在当下已初露端倪，例如，计算机视觉识别技术的发展就可能带来隐私泄露。俄罗斯的一个摄影师，利用照片和应用程序FindFace（能利用面部识别将社交媒体账户信息与照片联系起来的神经网络），展示出了人们究竟有意无意地在网上泄露了多少信息，不幸的是，他的警告马上被网友付诸实践，用来挖掘隐私。再如，我们每天在社交平台上发布很多自己的照片，而现在有专业的营销公司正在挖掘用户社交媒体的自拍照，进行分析研究，为他的客户服务，这无疑会带来隐私泄露，并在某些情况下（比如涉及儿童信息时）带来严重后果。

怎么来解决这个问题？人们一方面想让机器更智能更强大，解决各种难题；另一方面，又必须寻找机器解决不了的问题以保证安全。我们在图片分享过程中保护隐私，希望干扰机器视觉而不影响人类视觉，但是机器视觉的能力在超越人，一方面我们想保护隐私，但是另一方面我们又想分享。如何挖掘机器智能与人类智能之间的差异，同时保障安全和可用性，这是现在和未来人类不得不面临的一个深刻问题。

对于图像内容隐私泄露，现在窥探隐私的机器之眼通常是使用深度神经网络等模型训练出来的，有一种特殊的隐藏技术可以对抗机器之眼，这种技术被称为"Accidental Steganography"。这个技术按照神经网络模型在图像中嵌入人眼不可感知的干扰信息，这种信息对人类视觉没什么影响，但是它对机器可以产生语义级的干扰，让机器做出错误判断。

伴随技术的快速发展，犯罪分子的犯罪越来越隐蔽。如传统恐怖组织的暴恐图片、音视频最初主要通过直接、拼接等方式传播，后随着 OCR、视频分析等技术的发展，顺利解决了这些问题。通过分析数据的异常行为特征，可以在海量数据中发觉犯罪分子的蛛丝马迹。犯罪分子，尤其大型犯罪组织，为了对抗大数据分析，开始广泛使用信息隐藏技术来掩盖犯罪行为、逃避打击。

因为信息隐藏具有极高的隐蔽性，以至于很容易被广大执法机关忽略，市场上也非常缺乏解决类似问题的工具，通过对国内外信息隐藏应用及案例的梳理分析，整理出几个现状。

通过对全球已知的利用信息隐藏犯罪的案例分析看，犯罪组织主要为恐怖组织（如基地组织）、情报组织（如美俄间谍战）、贩毒组织等，在国内也有典型的案例。

大型犯罪组织，尤其跨境犯罪组织为了逃避打击，通过把内部通联信息、窃取的情报信息等隐藏在普通图片音视频等多媒体文件中，利用互联网进行分享和传输。因为利用信息隐藏后的图片音视频等文件基本不改变原文件的外观、格式、大小等，所以不会引起关注，成为大数据分析的盲区，从而导致执法人员在"猫鼠游戏"中处于被动。

失泄密管理是安全、保密等部门重点关注的工作，基本上相关单位都建设了失泄密管控与泄密溯源系统。现有的失泄密管控相关系统主要采取上网行为管控、屏幕截屏、USB封禁等方式避免泄密，但是泄密事件依然层出不穷。

涉密单位内部员工通过把涉密资料隐藏在普通图片、视频等多媒体文件中骗过失泄密管控系统实现故意泄密；涉密单位员工在访问正常的图片、视频等文件时，因为文件中隐藏有可执行的恶意代码程序，从而导致病毒入侵，造成无意识泄密。

因为信息隐藏的应用工具非常普遍，传销组织、邪教组织等使用信息隐藏利用公开的网站、论坛等进行信息通联，规避网信部门的舆情监测分析，如犯罪组织通过某大型论坛发布一个求购帖，并附上一张与帖子内容相符的普通图片，因为是正常帖子，所以不会引起网站管理方、舆情监测部门的关注。但真实情况是，随帖的普通图片中隐藏有非法信息，犯罪组织的成员因为都能公开访问该求购帖并安装有相应的隐写应用，从而实现了内部信息的通联。

恶意代码与图片结合进行网络渗透和攻击成为新趋势。虽然各主流的安全厂商均发布了态势感知、入侵检测等产品，但是因为没有关注到基于信息隐藏的攻击，从而造成了网络盲区。

计算机取证、网络取证、多媒体取证等已经非常成熟，帮助司法机关提供了可靠的证据。但是目前几乎所有的取证技术都没有关注基于信息隐藏技术的取证问题，信息隐藏取证成为数字取证的盲区。

2. 物联网及其安全

物联网的广泛应用把人类带入了一个全新的时代，已经成为信息时代的主要推动力。值得我们注意的是，物联网网络技术具有"双刃剑"的作用，一方面给我们带来很多的便利，一方面带来很多不安全因素。物联网作为一个大的产业链，是一个多学科交叉的综合应用领域。尽管科技界、产业界、政府部门以及广大普通民众基于各自不同的背景对物联网有不同的理解和体会，但有一点是共同期待和永恒坚持的，即"没有安全就没有应用，没有应用就没有发展"，在越来越强调生命尊严和生活质量的今天，与人们的生产、生活息息相关的物联网网络的安全尤为重要。

对于传统的网络而言，业务层的安全与网络层的安全二者是完全独立的，但是物联网则不同，它具有自己的特殊性。由于物联网是在现有的互联网技术基础上集成了应用平台和感知网络而形成的，互联网给物联网提供了许多可以借鉴的安全机制，如加密机制、认证机制等，但值得注意的是，应该按照物联网的特征来适当地补充、调整这些安全机制。

RFID射频识别技术获得数据的方式是通过射频信号来对目标对象进行自动识别，无须人工干预就可以自动识别多个标签和高速运动物体，操作较为简单、方便，是一种典型非接触式的自动识别技术。黑客对于RFID系统的攻击主要是破解、截获物联网的标签信息。攻击者获得标签信息之后，通常就会利用伪造等方式来非授权使用RFID系统。目前国内外IT界大多都是通过加密标签信息的方式来保护物联网，概念提出后得到了世界各国的广泛重视，具体来说，物联网包括感知层、网络层、应用层三层架构。这三层架构分别面临很多安全威胁，但只要增强安全意识、提早研发安全技术、健全相应法律规范，一定能推进物联网的安全健康发展。但是十分值得注意的是，这种方式仍然存在着安全漏洞，不能让人完全放心。

RFID芯片若没有得到有效保护或者设计不良，攻击者仍然会有很多方法来获取RFID芯片的数据信息和结构。

因为物联网节点通常都是采用无人值守的方式，且都是先部署物联网设备完毕之后，再将网络连接起来，所以，如何对物联网设备进行远程业务信息配置和签约信息配置就成了一个值得思考的问题。与此同时，多样化且数据容量庞大的物联网平台必须要有统一且强大的安全管理平台，不然的话，各式各样物联网应用会立即将独立的物联网平台淹没，中央很容易会将业务平台与物联网网络二者之间的信任关系割裂开来，产生新的安全问题。

核心网络所具备的安全保护能力相对较为完整，但是由于物联网节点都是以集群方式存在，且数量庞大，这样一来，就很容易使得大量的物联网终端设备数据同时发送而造成网络拥塞，从而产生拒绝服务攻击。与此同时，物联网网络的安全架构往往都是基于人的通信角度来进行设计的，并不是从人机交互性的角度出发，这样就将物联网设备间的逻辑关系进行割裂。

传统的互联网认证技术是要对不同层次进行明确的区分，网络层的认证和业务层的认证完全分开，相互独立，业务层的认证仅是负责鉴别业务层的身份，而网络层的认证就只负责鉴别网络层的身份。但是物联网则完全不同，它将网络通信和业务应用紧紧绑定在一起。值得注意的，无论物联网技术发展到何种程度，网络层的认证都是不可或缺的，而业务层的认证则可有可无，它可以根据业务的安全敏感程度和谁来提供业务信息进行设计。例如，当由运营商来提供物联网的业务，那么就完全不需要进行业务层认证，只需要利用网络层认证结果即可。若是由第三方来提供物联网业务，而不是由运营商来提供，那么就可以不需要考虑网络层的认证，只需发起独立的业务认证即可。当业务是金融类、个人信息类敏感业务，则必须采用更高级别的安全保护，而在这种情况下，就必须进行相应业务层的认证。而当业务只是气温采集、位置定位等普通业务时，就可以不再需要业务层的认证，网络认证即可。

逐跳加密是传统的网络层加密机制，即在发送信息数据的过程中，转发到节点和传输的过程采取密文方式，而信息在接收端和发送端之间则采取明文。物联网的业务使用和网络连接是紧密结合，如此一来，就面临着是选择端到端加密，还是选择逐跳加密。

逐跳加密只是在网络层进行，且不需要对所有信息数据都加密，只需要对那些受保护的链接加密即可，因此，可以在所有业务中适用。能够在统一的物联网业务平台上对所有不同的业务进行安全管理，这样有效地保证了逐跳加密的可扩展性好、低成本、高效率、低时延的特点。尤其值得注意的是，逐跳加密需要对信息数据在各传送节点上进行解密，因此，各个节点都很有可能会对被加密消息的明文进行实时解读，安全隐患较大，各传送节点的可信任度必须很高才行。

综上所述，对于高安全需求的业务，最佳的选择是采用端到端的加密方式；对于低安全需求的业务，可以选择逐跳加密的保护方式。

物联网已日益成为现代工业社会的基础，政府应该与IT商联手，共同支持一批物联网信息安全领域的研发项目，以期尽快为物联网的发展创造更好的网络安全环境。

3.移动网络及其安全

我国的移动通信技术在社会经济和科学技术的不断完善与发展的前提下，为了满足科学技术以及社会发展的需求，对移动通信技术有了更高的标准与要求。移动通信技术在发展的作用下，语音通话已不再是其核心的业务内容。随着互联网时代的发展，移动通信技术数据传输等方面的数据增值业务有了更高的标准与需求。

移动通信网络的智能化发展不断增加其技术的服务功能，使更多的个人信息在网络中传播，并且移动网络的信息安全也成了业界比较重要的课题，受到了业界强烈关注。

在现阶段的移动网络通信中的攻击通常分为被动攻击以及主动攻击两种类型，被动攻击又被称为消极攻击。

被动攻击即攻击者在不破坏路由协议正常运行的情况下，只是单纯地利用窃听业务数据窃取用户信息从而挖掘可以作为攻击信息的行为，这种攻击方式一般情况下不会被人察觉。

主动攻击则是攻击者以修改数据或者是在获得权限后向网络输入虚假数据包的行为。例如：蠕虫病毒攻击利用 PS 域、红外线、蓝牙等介质进行扫描、探测，从而发现其所存在的漏洞移动终端。在收获成功的反馈信息后，针对一个传播对象对其发动攻击，从而取得用户权限，完成将病毒复制到终端的操作。与此同时，保证病毒程序在正常运行的状态，以上的行为造成的后果轻则对终端设备造成损害，严重的能够窃取客户的重要信息数据，使客户的财产以及隐私受到严重的威胁。

对于目前我国移动网络中存在的安全威胁以及攻击现象，移动通信领域主要是利用鉴权认证、用户身份保护以及数据加密的方式进行安全攻击防范工作。

（1）鉴权认证

在客户进行鉴权工作的时候，会向 HLR 发出要求消息，此消息的用户识别码是 IMSI。任何一个鉴权三元组在使用之后，都要被破坏清理掉，不准再次使用。当移动终端 MS 首先到达一个新的移动业务交换中心（MSC）的时候，MSC 将会对 MS 发出挑战值 RAND，且 MS 使用内置于 SIM 卡中 A3、A8 算法加密 RAND，进而开始鉴权认证流程。需要注意的是：网络资源在用户认证工作完成之前不允许进行分配。

在移动通信网络安全系统中，其认证令牌 AUTN 中包括了序列号 SQN，为了满足通信同步同时防止重传攻击的要求。SQN 应该是目前使用最大的一个序列号，对于可能发生的延迟情况，定义了一个相对较小的"窗口"，SQN 只要是在该范围内，就视为是同步的。用户收到的 SQN 在正确的范围内，保证认证过程的最新性，防止重传攻击的现象出现。

（2）用户身份保证

在移动通信的安全中，用户的身份保证是其重要的内容，即使对无线链路上所传递的消息采取加密形式是极为有效的，但是无线通信协议本身具备特殊性，对其加密不能保证每一次无线链路上的消息的运输都能受到保护。例如：在公共信道上不能应用加密技术；对于移动终端转到专用信道，并且网络不知道用户的身份时，不能进行加密。攻击者在上述两种情况下若探听到用户的身份，将会侵犯用户身份的隐私。

（3）数据加密

在现代通信网络安全系统中，加密算法的协商以及完整性算法的协商全部都是在用户和网络之间的安全协商机制下才能够实现。同时，移动终端 ME 需要与服务网 SN 建立连接时，ME 需要告知其他所支持的加密算法。

在目前网络认证方案中，已经实现了对用户以及网络的认证，但是缺少网络内部网元之间的认证。同时，在科学技术水平提高且 5G 基站的大规模建设的条件下，通信工程中的巨量基站管理工作将会成为通信行业的难题，其核心网设备对于基站的设备鉴权也更应该受到重视。

在移动通信安全系统中，IMSI 对用户隐私性的保护作用比较明显，直至今日都无法代替。并且，新用户的注册必须在 IMSI 发送后才能识别用户身份，但是，IMSI 在无线链路中传输时，用户的隐私将会有被窃听的风险。所以，在未来通信工程的发展趋势中，将会对用户每次在无线链路上的消息传送都加密，从而保证用户信息的安全性。

4. 云计算与云安全

云计算是讨论很广泛的一个话题，虽然"云计算"这种服务模式的出现同一切社会经济活动一样有其必然性，其发展的根本条件是"云安全"，但同时安全问题又成为影响其发展的避无可避的问题。

云计算是一种崭新的服务模式。实质是在分布式计算（Distributed Computing）、网格计算（Grid Computing）、并行计算（Parallel Computing）等模式发展的基础上，出现的一种新型的计算模型，是一种新型的共享基础框架的方法。它面对的是超大规模的分布式环境，核心是提供数据存储和网络服务。同时，云计算也是虚拟化（Virtualization）、公用计算（Utility Computing）、基础设施即服务（Iaas）、平台即服务（SPaa）、软件即服务（SaaS）等概念混合演进并跃升的结果。

提供资源的网络被称为"云"。"云"中的资源在使用者看来是可以无限扩展的，并且可以随时获取、随时扩展、按需使用、按使用付费。

就像从古老的单台发电机模式转向电厂集中供电模式，它意味着计算能力也可以作为一种商品进行流通，就像煤气水电一样，取用方便，费用低廉，最大的不同在于，它是通过互联网进行传输的。因此，云计算这种服务方式，从目前对于用户来讲是一种高级、便捷的服务方式，它是用户外部的数据中心，即委托第三方为用户提供各种服务的新型计算模式。"云"就是软硬件基础设施。

云计算可谓是革命性的举措，它的主要思想是：把各种终端功能联合起来，给云中的每一个用户使用。对于各种各样的云计算模式，我们简单地分析云计算的优点，具体体现在以下四个方面。

（1）提供可靠、安全的存储中心

云计算提供了可靠、安全的数据存储中心，用户不用再担心数据丢失，病毒入侵等麻烦。至少用户数据不用用户自己来保存处理，而通过专业先进高效的平台对自己的数据进行有效管理，大大降低数据损失和被破坏的概率。

（2）对终端设备要求低

在云计算时代，用户只需要在浏览器中键入提供云计算的网络服务公司的地址，并找到提供相应服务的功能菜单，就可以体验最新的操作系统，最新的流行软件，以及用相应的软件来打开相应格式的文档，客户端的操作系统没有任何限制，唯一条件就是能够上网。这样的要求对用户终端来说仅仅是拥有最基本的终端配置即可，云计算网络对终端设备的要求却是很低。

（3）使用数据便捷

在云计算的网络应用模式中，数据只有一份，保存在"云"的另一端，用户的所有电子终端设备只需要连接到互联网，就可以使用到同一份数据，而且当数据发生变化之后，随时可以上传到服务器终端以保持数据的最新状态。

（4）空间多、计算强大

云计算可以提供无限多的空间、无限强大的计算。利用云计算，无论你身在何处，只需拥有一台终端接入 Internet 就可以得到所有你想得到的服务，比如订酒店、查地图、进行大型应用程序的开发等。因为单台设备不可能提供无限量的存储空间和计算能力，但在"云"的另一端，由数千台、数万台甚至更多服务器组成的庞大的云集团却可以轻易地做到这一点。虽然单台设备的能力是有限的，但云计算的潜力是无限的。

虽然云计算为用户提供了各种免费的应用程序和网络存储功能，并把这些应用程序和用户存储的资料放在"云"中，为用户提供通过互联网方便访问及使用这些程序和资料的功能。但是正因为此，一些相对敏感的数据成为被攻击被盗取对象的概率就大大提高，数据的安全性面临非常严峻的挑战。云安全所面临的威胁主要有以下三个方面。

（1）恶意盗取信息

网络犯罪者利用恶意程序、破解入侵，以及其他恶意活动获取用户信息，以达到犯罪目的。只要无法完全封锁通信管道，就会给利用网络盗窃的网络犯罪者创造犯罪条件。这种网络盗窃发生得很普遍，索尼 PSN 平台用户信息泄露事件就充分证实这种网络盗窃发生频率之高，公用云网络的安全问题值得重视。

（2）利用漏洞攻击谋取利润

网络黑客会利用云计算漏洞攻击云本身，甚至提出让网络运营商支付某些费用以换取云服务主机的正常运行，这些额外的利润都会使攻击者攻击云计算系统本身。

（3）信誉问题

云计算服务牵扯最大的就是用户隐私问题，云服务上面临的最大问题就是"信誉"问题。我们希望云计算服务上能保证用户存储的数据是安全的，这种保证取决于云计算服务商的主观和客观的保证。

第四节 保护存储

与网络安全类似，确保存储安全涉及逻辑和物理的方法。不同类型的存储设备、系统和媒体可以支持各种应用程序及其使用情况，从高性能在线到可移动低成本，存在多种保护方案。一方面是保护端点，另一方面是应用程序和服务器（虚拟和物理）访问存储器，存储本身也是解决方案的一部分。此外，上一节中讨论的基于本地和远程的网络保护也是存储保护的一部分。

通常情况下，数据保护的存储技术包括物理安全保障，保护对存储系统的访问、监测固定或可移动媒体。可移动媒体包括硬盘、闪存固态设备、磁带、CD、DVD 等。此外，可移动媒体还包括 USB 闪存盘的拇指驱动器、掌上电脑、手机、机器人和笔记本电脑。

作为基本数据完整性检查的一部分，维护数据的一个方法是确保其写入存储介质，且确保写入存储介质后格式的正确性和可读性。维护数据的另一种形式是在存储媒体中支持单次写入多次读取操作（WORM），来确保数据在保护它的系统中不会被改变。可以通过 LUN 块、设备、分区或卷访问存储器，因此在共享或多租户环境中的数据保护手段是 LUN 或卷的映射和屏蔽。

使用 LUN 或卷屏蔽，只有获得授权的服务器允许通过一个共享的光纤通道或 iSCSI SAN 访问 SCSI 的目标，LUN 或卷映射通过启用不同服务器实现屏蔽或隐藏进程。如果有六个服务器，每个服务器访问自己的存储卷或 LUN，并屏蔽在共享环境中其他服务器的存储，与映射相同，提交给服务器的 LUN 利用编号来满足操作系统的要求，但是每个 LUN 的编号是唯一的。

一些组织正在探索虚拟桌面作为移动桌面数据的潜在风险和漏洞。许多组织都提出了加密笔记本电脑及桌面电脑的概念。有些限定通用串行总线（USB）端口，仅用于打印机，有些加强日志来跟踪被移动以及复制的位置、时间、经手人等数据。尽管 USB 设备带来了风险，但被看作是有价值的工具，可以在网络不存在或者不实际的地方移动和分发数据。

保护数据和虚拟数据中心的另一种方式是分布式远程办公室或远程办公的虚拟办事处。其面临的风险与传统的数据中心相同，包括丢失或被盗的便携式计算机、工作站、平板电脑或包含敏感信息的 USB 驱动器。至于安全问题，虚拟数据中心跨不同技术领域，需要多个级别的逻辑和物理安全。

除了磁带和光学介质，另一种形式的可移动媒体包括各种形式的 FLASH SSD、从拇指驱动器到掌上电脑、平板电脑或高容量的设备。可移动硬盘驱动（RHDD）在 20 世纪 70~80 年代非常常见，现在再次出现。

　　虽然磁带丢失是头等大事，但是研究表明，每年磁带丢失量是很少的，尽管每年都有很多报道。这意味着在过去，磁带丢失或被盗都没有被报道出来，但是鉴于目前的条例，增加报道可以使它看起来更常见。关注点应该是每月有多少笔记本电脑、掌上电脑、手机或 USB 拇指驱动器丢失或被盗。这些设备有比丢失的磁带或磁盘驱动器更少的风险吗？当然，这需要根据存储在丢失设备上的数据来进行判定，重要的是保护数据的安全以及满足适用法规。

第五章　数据中心安全运维

前面对数据储存以及云储存进行讲述，本章主要讲述了数据中心的安全维护。

第一节　运维体系介绍

随着数据中心服务客户的增加，数据中心对灾备中心运营管理有了越来越深的理解。参照 ISO27001、ISO9001、ISO20000（ITIL）、ITSS 等国际、国内行业标准以及最佳实践的要求，根据灾难备份和业务连续性的服务重点及运营特点，数据中心建立了更加规范、高效的运营管理体系，用以规范数据中心的日常工作，以及保持数据中心持续稳定的运行。

一、运维管理服务体系

灾难备份中心的运营管理服务体系是以国际通行的 IT 服务管理标准——信息技术基础架构库（Information Technology Infrastructure Library，ITIL）为基础，结合灾难备份运营服务的专业特点而建立。数据中心的运营管理服务体系经历了多个客户、多种平台的灾难备份系统长期稳定运行的检验，灾难备份中心的运营管理服务体系日渐完善。

1. 三大要求

（1）运营服务的高响应要求。这是整个服务体系的重中之重，也是对灾难恢复系统运营外包服务公司专业度与服务质量的最直接考验，其关注的是服务的及时性与客户导向。当宣告灾难恢复后，只有高响应度的服务提供商，才能够按照既定的服务流程在第一时间为客户提供应急与切换服务，根据客户的特殊要求提出合理的灾难应急解决方案并接替生产运营，从而尽可能地减轻灾难事件对客户造成的负面影响。为此，灾难备份中心在不同运营服务阶段提供相应的服务接口与服务人员的组织架构，保证对服务响应度的要求。

（2）运营服务的高可靠要求。这是整个服务体系的保障，从管理手段和服务流程上保证响应度与可用性的落实。具体体现在对现有人员、资源与技术在执行层面上的标准化、制度化、规范化，只有这样，才能确保当发生不可预测的灾难事件时，灾备系统能够真正起到灾难恢复、业务连续的保障作用。灾难备份中心的运营服务人员都具备丰富的灾难备份系统运营管理经验，此外，灾难备份中心通过采用先进的系统监控技术手段以及严谨的服务流程，有效地保证了灾难备份系统运营服务的可靠性。

（3）运营服务的高可用要求。这是整个服务体系的基础，从中心资源、业务正常处理流程与人员的支持上，为应急响应、系统切换与接替生产运行的服务工作奠定基础。灾备中心从灾难恢复计划的制订咨询，到灾备系统建设实施的整个过程中，特别是在灾备系统的长期运营服务期间，都充分考虑到对灾备服务可用性的需求，并在系统方案、运营服务方案中具体落实。

2.四大服务

（1）服务人员：主要是指落实包括服务内容、服务接口与服务流程在内的各项具体服务的人员基础。

（2）服务内容：主要是指灾备中心提供的专业灾难恢复系统运营外包服务的具体内容。

（3）服务流程：主要是指灾备中心为规范内部，尤其是涉及灾备系统层面所执行的各项工作流程，从制度上保障上述各项服务的顺利提供。

（4）服务接口：主要是指灾备中心提供服务的各种界面，目的是使双方之间的信息与要求能实现无缝衔接。

灾备中心基于 ITIL 标准体系，根据灾备系统运营服务的特点，进一步强化四大服务方面的具体内涵，形成专业灾难恢复系统运营外包的服务体系具体框架，如表 5-1 所示。

表 5-1　专业灾难恢复系统运营外包的服务体系具体框架

服务方面	服务细项
服务内容	日常监控与维护服务，数据验证服务、问题管理、变更管理，安全管理服务、灾难恢复管理服务、灾难恢复预案维护服务、灾难应急及恢复服务、接替生产运行服务
服务人员	日常运营团队、技术支持团队、客户服务团队、应急响应服务团队
服务接口	客户经理、24 小时服务热线、服务报告与会议、应急响应服务
服务流程	事件管理，变更管理、问题管理，应急管理、服务水平管理

3.运维管理阶段划分

数据中心在服务的具体实施过程中，从服务核心到服务细项形成了完整的服务体系。此外还以时间为主线将灾难恢复系统运营服务提供的过程划分成日常运营、应急与恢复、接替生产运营三个阶段，每个阶段的工作重点也各不相同，真正符合客户的实际需求，如表 5-2 所示。

表 5-2 不同阶段的运营服务

	日常运行服务	灾难应急和恢复服务	接替生产运营服务
服务目标	高可用性 高可靠性	高响应度	高可靠性 高可用性
服务内容	日常监控与维护服务 系统验证服务 安全管理服务 灾难恢复演练服务 灾难恢复预案维护服务	灾难应急及恢复服务	接替生产运营服务
服务人员	日常运营团队 技术支持团队 客户服务团队	应急响应团队 技术支持团队 客户服务团队	运营支持团队 技术支持团队 客户服务团队
服务接口	客户经理 24 小时服务热线 服务报告与会议	24 小时应急服务热线 应急响应服务	客户经理 24 小时服务热线
服务流程	事件管理、变更管理 问题管理 服务水平管理	应急管理	事件管理 问题管理 变更管理

二、运维监控平台的建设原则

1. 先进性与成熟性原则

采用先进、成熟和业界领先的 IT 系统监控产品和流程开发工具，建立起全面的 IT 资源监控体系和 IT 服务流程管理体系。

2. 集中统一原则

（1）通过统一事件管理平台对各种 IT 资源监控产生的事件信息进行整合并进行统一分析处理。

（2）通过综合监视展现平台对各种 IT 监控要素的事件信息、性能信息和资产信息进行全方位监控。

3. 标准性与规范原则

（1）指标的规范性：按照监控指标要求实现对各类监控要素的全面监控。

（2）接口的规范性：按照接口标准规范与生产中心和灾备中心运维监控系统对接。

（3）流程的规范性：按照 ITIL 标准和规范建立 IT 服务流程管理体系。

4. 可定制化原则

（1）监控产品的可定制化：除了实现对标准的 IT 资源进行监控外，还应该通过定制化手段实现对特殊 IT 对象的监控。

（2）监控流程的可定制化：采用先进的流程开发工具开发规范的运维服务流程。

（3）监控界面的可定制化：开发具有资源中心特色的统一监控门户，在统一监控界面上采用多角度、多方位的监控视图，全面反映了系统的运行状态。

5. 投资保护与技术延续性原则

资源中心的运维监控系统将建立在现有主机和存储监控的基础之上，根据新的服务需求加以扩展和完善，保护原有的投资和技术的延续性。

6. 自动化与智能化原则

（1）事件处理的自动化：对于监控到的重要事件应能自动生产工单，并能够自动以多种人性化的方式通知系统维护人员。

（2）事件分析的智能化：事件管理模块应具有智能的事件关联分析和事件过滤功能，以方便进行故障定位。

7. 可扩展性与高度集成原则

（1）监控系统的可扩展性原则：随着政务资源中心服务职能的扩展，IT资源将不断扩充，这就要求运维监控系统具有良好的扩展能力，来适应IT资源的扩充需求。

（2）高度集成原则：IT运维监控系统由多个子系统构成，各子系统之间应建立完备的开发工具和接口规范，以便将各个子系统进行高度集成。

8. 安全性与稳定性原则

（1）安全性：由于数据中心的运维监控系统是实现对各部门重要业务系统的监控，一旦系统出现了突出故障，应该要求在第一时间予以响应，否则将对业务系统造成严重影响，因此监控系统的安全等级应与IT系统的安全要求相适应。

（2）稳定性：未来的重要政务系统将需要 7×24 小时连续运行，任何时刻 IT 系统出现故障时，运维监控系统应立即通知维护人员予以解决；为保证系统监控的有效性和响应的及时性，运维监控系统应具有良好的容错能力，保证运维监控系统运行的稳定性。

（3）生产系统运行的稳定性：IT 系统监控需要在监控对象中安装监控代理，以实时收集性能数据，对生产系统的性能造成一定的影响，因此运维监控系统应保证对生产系统资源占用最小，保障对生产系统正常运行影响最小。

三、系统集中监控方案

1. 主机系统监控

目前 GDS 的数据中心采用 IBM Tivoli Monitoring 来实现对主机可靠性管理，针对政务资源中心的主机系统，GDS 将在政务资源中心的主机上安装 ITM（IBM Tivoli Monitoring）监控代理，收集主机的性能、状态和告警信息，并发送到后台的监控服务器上，实现对所有主机的统一监控。当服务器系统发生问题时，可迅速报警使管理员及时获知系统出现的问题,通过 ITM 对系统重要的资源进行监控,并定义门限值,一旦发现超过门限值,则将事件通知管理员。为保证系统可靠性,会对服务器的一些重要资源进行监控,包括服务器的状态、重要进程状态、磁盘空间、性能超过指标、文件的修改情况、日志文件的变化情况等。

管理员定义对这些参数的门限值,可以根据不同的值定义不同的警告级别和相应的报警方式,如磁盘空间利用率达到 80% 为 Warning 状态,记录日志文件;90% 为 Critical 状态,报警到故障控制台。

2. 存储系统监控

在政务资源数据中心系统中,大部分服务器与存储设备均通过光纤交换机以 SAN 的方式进行连接,即在服务器与存储设备之间构成了一个存储区域网络。由于 SAN 的使用,必须建立起与之相应的管理维护机制和工作管理流程,才能充分发挥出 SAN 和数据集中的优势。因此,通过 SAN 上异构平台的数据共享,提高存储效率;通过 SAN 管理软件,监控 SAN 的状态,及时预报和发现故障,以及监控网络性能;通过 SAN 管理软件直接设置和配置存储设备的连接和分配,通过软件完成一些以前手工维护的工作;同时,通过 SAN 资源管理软件,分析并解决出 SAN 可能出现的问题,生成分析报表,使管理人员和维护人员对存储系统的状况了如指掌。

SAN 存储系统管理主要包括存储网络管理、存储设备管理和存储资源管理。

（1）存储网络管理

1）发现代理程序。通过内部管理和外部管理两种方式实现对 SAN 的信息搜索。内部管理是指搜集流过 SAN 本身的信息;外部管理是指通过 TCP/IP 连接,通常通过 SNMP MIB 来搜集信息。

2）SAN 拓扑管理。SAN 拓扑管理以图形的方式显示 SAN 结构中的所有部件,如磁盘阵列、光纤磁带库、主机系统、HBA 卡、光纤交换机、光纤网关以及光纤连接等。

（2）存储设备管理

1）性能管理。SAN 存储系统的性能管理主要包括了磁盘存储服务器的性能和 SAN 性能。存储网络性能监控的主要内容包括了 I/O 请求的数量;确认每天最忙的时间;传输的数据量;物理 I/O 的读写响应时间;确认最忙的阵列、适配卡和服务器;Cache 使用的统计数据;在现有主机工具提供增加的信息。

2）磁盘访问权限控制。在 SAN 中,对不同的磁盘系统的访问控制,需要拥有与之相应的硬件分配软件,包括每一台服务器的存储容量（已用的和未用的）;存储服务器的存储随时间增长的图表;总结主机及其在存储服务器上的存储;多台主机共享的容量的细节等。

（3）存储资源管理

存储资源管理主要包括开放性、标准化及弹性化的架构；单一界面的跨平台分析；存储容量规划；档案层次分析；自动化事件关联；符合客户需求的报表；资料库分析；可用度报告。

（4）存储系统故障管理

存储系统的故障总是与整个 IT 系统的其他部分互相关联、相辅相成，所以不能只从存储的单一系统来处理问题，需要将存储管理和系统管理统一起来处理问题、分析问题，以及评估服务水平、分析故障对于业务的影响。存储系统管理通过统一的事件处理平台实现对故障的统一分析处理、事件关联和根源分析。

3. 网络系统监控

通过 IBM Tivoli NetView 网管软件的轮询或请求、应答方式对政务资源中心的网络设备进行监控，网络 IP 资源会在需要的时候发出相应的报告。IBM Tivoli NetView 可以持续不间断地对网络 IP 资源的状态、配置和事件进行监控，甚至连一个参数的改变 NetView 都可以收到报告。

通过 SNMP 的 AGENT，网络管理人员可以监控到许多网络设备性能的参数，如网络路由器的数据传输量、坏包的数量等，影响网络效率和质量的参数，从而为诊断系统故障提供有力的工具。

在 IBM Tivoli NerView 中可以对某些监控的对象，如路由器端口的网络流量等，设置阈值。一旦达到所设定的阈值，NetView 就会自动报警、执行相应的处理等。例如，可以监控网络通信线上的数据通信量，以及重要的文件服务器上的硬盘空间利用率，当利用率达 80% 时可自动向网管中心发出报警信息，使系统管理员及时采取措施避免网络故障，减少网络重大故障的发生概率。

4. 数据库系统监控

通过 ITM for Database 可以实现对 Informix、DB2、SQL Server、Oracle 等多种数据库的监控。

（1）DB2 数据库的监控

ITM for DB（Oracle）提供了以下预先定义的监控项目，按照属性相关性分为 Application、Buffer Pool Data、Database、Locking Confict、System Overview 和 Tablespace 共 6 个属性组，每个属性组包含了一个或多个预先定义的属性（即监控项目），用户可以直接使用，也可以进行更改或者新建。

（2）对 MS SQL Server 的监控

ITM for DB（MS-SQL）提供了 Database 信息、Device 信息、进程信息、锁信息、状态信息、Server 信息等预先定义的监控项目。

（3）对 Oracle 的监控

ITM for DB（Oracle）提供了诸如高级消息队列、告警日志详细及汇总、缓存使用信息监控、配置信息、锁争夺信息、数据库、文件等预先定义的监控信息。

5. 中间件系统监控

对于中间件系统监控，可以通过 IBM 复合应用管理系统（IBM Tivoli Composite Application Management，ITCAM）来实现。ITCAM 应用监控管理软件可以对应用系统实时监控、分析其运行效率，提供灾难预警、准确定位错误以及有效维护的建议，在很少占用系统资源模式下可以长期以 7×24 方式运行，可以产出包含多种图、表和文字等实时性、历史周期性、前瞻预期性报告，并支持打印和归档。ITCAM 本身应该容易安装、维护和使用，且功能强大，能够通过较低的系统资源占用收集数据库运行状态的实时数据。其采样频率可以由系统动态调节，也可以由用户自定义，适宜 7×24 的方式运行。ITCAM 收集的信息要全面和丰富，不仅要收集实时信息，还要能够方便地存储和分析历史信息。

ITCAM 产品能够监控 MQ、TongWeb/Q、CISC，WebSphere、Tomcat、WebLogic、IIS 的运行状况和日志文件的变化情况；提供应用服务器日志监控，包括 Message ID、Message 内容、进程号、严重级别、发生时间、Job 名称和 ASID 等信息：提供了 LogAnalysis 分析试图，提供详尽的日志分析报表，系统地监控应用服务器和应用程序的 Log；与此同时，提供了基于 WebSphere，Weblogic、Tomcat 的应用服务器进行实时监控和历史数据分析，ITCAM 能够发现并且报告 Japa 2 平台企业版（Japa 2 Platform Enterprise Edition，J2EE）应用的健康度，获取中间件的重要性能指标。它的监控贯穿整个应用流程，如应用程序服务器、中间件适配器、传输协议、数据库等。对于 WebSphere、Weblogic、Tomcat 中间件的性能监控，ITCAM 提供系统级别的数据，例如，应用服务器的状态、中央处理器的使用、内存的使用、数据库连接池、JVM 线程池、EJB 的使用等，也会被收集，用来辅助用户去分析问题、解决问题。

四、统一事件管理平台建设

针对政务中心的资源情况，采用 IBM Tivoli Enterprisce Console（TEC）统一事件管理平台实现统一事件管理。

1. 事件采集

TEC 支持多种事件采集方式，多样的事件适配器能够支持对 SNMP 事件、主机系统日志事件（Syslog）、第三方可集成产品（如 HP NNM、Vertias）管理事件的集成。TEC 提供事件发送方式，可以十分容易地将其应用事件、非标准事件传送到 TEC 中。TEC 提供了多种抗事件风暴的能力，通过内存缓存、硬盘缓存来建立事件缓存队列，防止管理事件的丢失。

2. 事件分析

TEC 独有的基于规则的分析引擎具有多重事件关联分析能力，能够按照时间、事件属性、事件类别、来源进行跨资源分析，帮助进行问题事件的精确查找。TEC 新的 ITS（Integrated TCP/IP Service）部件是一套将网络和主机事件进行集中关联分析的规则。加载了 ITS 规则库后，TEC 能够自动分辨是网络还是主机故障造成无法提供有效的服务，从而缩小了故障定位的范围。

TEC 特有的分布处理部件（AIM），能够对区域事件进行规则处理，而所有的规则都来自中心的 TEC 系统。通过 AIM 部件的分布处理，可以形成多级事件处理机制，减轻中心事件服务器的压力，从而支持更大的规模和更为复杂的关联规则。

3. 事件处理

TEC 的事件处理机制可以根据多种条件触发不同的处理方法，包括告警方式、自动脚本调用方式等。运行管理人员可以在 TEC 的事件管理窗口进行事件的交互式处理，从而可以通过手工方式对特定事件进行处理，TEC 支持将事件送到故障管理流程平台中，包括 BMC Remedy、基于 Domino 的故障管理系统等。

4. 事件查看

运行管理人员可以分成不同的组，每个组可以查看、处理不同类型的事件，从而实现分区域管理。运行管理人员可以使用 TEC 的 Java Console 远程访问 TEC 服务器，从而实现方便管理。

五、报表管理系统

报表系统在大数据的处理、数据的准确性等方面均有优异性能，后台的数据库一点一套，可保障数据的可靠性与及时性，为不同层面的人员设计不同的报表，并推荐报表上报制度，为领导决策提供依据；对于系统故障、性能数据都会存储在后台的数据库中，通过报表系统的统计分析处理。管理员可对故障、性能管理数据库中存储的历史记录进行访问，生成分析报告。

六、运维服务管理平台建设

GDS 数据中心统一采用 BMC Remedy 流程引擎作为数据中心运维流程管理平台，为提高政务中心的服务质量和服务水平，GDS 将 Remedy 平台延伸到政务中心，不仅可以解决 GDS 工程师异地运维问题，而且还可以汇集 GDS 其他数据中心和后台专家共同解决问题，实现政务资源中心的多级运维模式。

BMC Remedy IT Service Management 是第一个经 Pink Elephant 的 Pink Verify 程序认证符合 ITIL 兼容性最低功能要求的整体解决方案。

该方案提供了一套安装即用的集成式功能，包括由 ITIL 所指定的服务台、事故管理、问题管理、服务级别管理以及配置管理等功能。

基于 Remedy 的解决方案提供了可以应用到每个应用程序中且与 ITIL 兼容的最佳实践。并且，这些应用程序可以根据独特的服务支持流程和工作流轻松地进行修改，以便更好地满足 ITSM 功能的需求。

应用管理流程包括服务台、事件管理、问题管理、配置管理、知识库管理、服务级别管理及日常任务等。在 BMC ARSITIL 工作流引擎平台中实现个性化的 IT 服务管理流程。针对政务资源中心的运维管理流程，选用以服务支持核心模块为主，其他支持流程为辅的流程框架，如表 5-3 所示。

表 5-3　政务资源中运维管理流程框架

本次项目流程	BMC Remedy 产品实现
事件管理（服务台）、问题管理	BMC Remedy Service Desk
自服务与服务请求	BMC Service Request Management
变更管理，发布管理	BMC Remedy Change Management
知识库管理	BMC Remedy Knowledge Management
配置管理	BMC Remedy Asset Configuration Management
日常任务管理	通过 BMC Remedy AR System 进行定制开发实现此功能
基础平台	BMC Remedy AR System

BMC Remedy IT Service Management 的服务台与事件管理流程的主要功能满足 ITIL 标准，能够实现尽快解决影响应用系统正常运行的事件，保持业务支撑系统的稳定性。问题管理流程的主要功能也满足 ITIL 的标准，能够实现问题管理流程的根本目标。即根本目标是消除或减少生产环境中事件发生的数量和严重程度，从而为企业建立起了一个相对稳定的 IT 环境，提高 IT 服务的可用性。

BMC Remedy IT Service Management 的自服务与服务请求功能模块满足 ITIL 标准，能够实现用户在很少甚至不用服务台干预的情况下请求服务和查找信息，从而减轻运维人员的工作压力。

BMC Remedy IT Service Management 的变更、发布管理流程功能模块满足 ITIL 标准，通过一系列的控制措施和流程，确保对生产环境风险的控制，提高企业资源使用率。BMC Remedy IT Service Management 的知识库管理流程主要功能满足 ITIL 标准，能够实现知识库的管理需求。可以通过知识库管理在故障自动处理和人工处理过程中，在知识库中得到相关故障维护的分类和快速定位，找到匹配的处理案例，以便处理人员借鉴，进行知识的总结、归类及应用。

BMC Remedy IT Service Management 的配置管理主要功能满足 ITIL 的标准，能够实

现配置管理通过对各配置项的定义、管理以及统计分析来提高 IT 环境的可视化，降低 IT 成本、增加投资回报，并确保 IT 环境的稳定性。

BMC Remedy AR System（ARS）平台具有良好的稳定性、开放性和广泛的集成性，易于进行二次开发。在 ARS 平台上实现作业调度以及日常检查功能，有利于规范和简化日常运维工作，提高工作效率。

七、应急机构与职责

1. 应急领导小组

应急领导小组是信息系统应急管理工作的领导机构。其主要职责有以下几点。

（1）审批信息管理部门的申请。

（2）在网络与信息系统安全事件发生时，组建应急指挥部，指挥、协调信息系统安全事件应急工作。

（3）指导基层单位网络与信息系统安全事件的应急工作。

（4）宣布进入和解除应急状态，决定实施和终止网络与信息系统安全事件应急预案。

（5）统一领导 I 级和 II 级网络与信息系统安全事件的应急处置工作。

（6）研究决定对外有关网络与信息系统安全事件的新闻发布。

2. 信息管理部门

信息管理部门是网络与信息系统安全事件的保障管理部门。其主要职责如下：

（1）负责应急物资储备、预案演练、培训计划申请。

（2）落实应急领导小组部署的各项任务，并向应急领导小组报告应急处置中发现的各种问题。

（3）监督执行应急领导小组下达的应急指令、重大应急决策和部署，协调各方应急资源，组织应急处置。

（4）按相关规定参与、配合网络与信息系统安全事件调查，总结应急处理经验和教训。

3. 应急工作组

信息管理部门根据事件类型和应急处置的实际需要，组织内部和外部人员建立网络与信息系统安全应急事件故障处置及技术支持工作组。其具体职责如下：

（1）执行信息管理部门下达的应急处置工作和保障任务。

（2）执行应急处理、控制事件范围、进行事件恢复。

（3）提供技术支持、协助事件调查。

4. 数据恢复组

数据恢复组由数据资源中心技术人员组成。数据恢复组的主要职责如下：

（1）突发事件发生时的职责

1）负责接受和确认灾备中心数据恢复准备和数据恢复请求通知，并按照通知的要求或预先设定的检查程序完成数据存储与备份系统状态检查等，数据恢复的准备工作。

2）负责实施灾备端备份数据恢复至生产端指定区域。

3）在数据恢复过程中协助应急工作组其他团队完成恢复工作。

（2）日常相关工作的职责

1）负责日常基础运营服务。

2）负责日常存储资源管理，对存储灾备系统的存储资源进行监控、管理。

3）负责根据工商局的需求，完成存储资源的分配与回收。

4）负责数据一致性验证和可用性验证。

5）负责"数据恢复预案"的维护和更新。

八、突发事件分级

根据网络与信息安全事件对服务的社会用户和内部用户的影响范围、程度、可能产生的后果和损失等因素，将信息系统事件分为Ⅲ级、Ⅱ级和Ⅰ级三个等级。

发生Ⅲ级事件进入信息系统预警状态，发生Ⅱ级信息系统事件进入信息系统Ⅱ级应急状态，发生Ⅰ级信息系统事件进入Ⅰ级应急状态。

信息系统时间等级主要是以影响的用户比例来划分。对所服务用户的生产、生活造成影响，影响用户数量超过服务总用户数量的20%，低于50%时称为Ⅲ级事件；用户数量超过服务总用户数量的50%，低于90%时称为Ⅱ级事件；超过服务总用户数量的90%时称为Ⅰ级事件。

突发事件的处理是一个发展变化的过程，所以应每隔一段时间对事件的影响程度和范围进行重新评估，按照上述事件分级的定义重新判定事件级别。

九、应急响应

1. 应急启动

发生网络与信息系统安全事件后，事件发生部门应立即启动应急预案，本着尽量减少损失的原则，将应急事件尽快隔离，在不影响正常生产、经营、管理秩序的前提下，保护现场。

信息管理部门接到事件发生部门的网络与信息系统安全事件的应急报告后，根据事件情况，启动信息系统安全应急预案。

信息管理部门接到Ⅰ级和Ⅱ级事件报告后，根据事件的性质和影响向应急领导小组报告。

2. 事件报告

发生网络与信息系统安全事件时，由各级信息管理部门逐级报告。

报告分为紧急报告和详细汇报。紧急报告是指事件发生后，各级信息管理部门向上级信息管理部门以口头和应急报告表的形式汇报事件的简要情况；详细汇报是指由相应事件部门信息系统应急处理机构在事件处理暂告一段落后，以书面形式提交的详细报告。

各信息管理部门对各类事件的影响进行初步判断，有可能是Ⅰ级事件的，必须在30分钟内向信息管理部门进行紧急报告，Ⅱ级事件应在60分钟内进行报告，Ⅲ级事件在3小时内汇报。

（1）发生下列情况引起管理信息系统事件时，各部门必须要向信息管理部门报告。

1）大面积病毒暴发，且快速扩散事件。

2）对主要网站、应用系统和关键设备等的大规模攻击和非法入侵，攻击数据包源IP地址不明或为内部IP地址。

3）有害信息通过电子邮件等方式在内部网络上大面积传播。

4）在信息网络上传播不符合国家和单位保密要求的涉密信息事件。

5）其他从一个单位发生且能够影响其他单位和整个工商信息系统事件。

（2）任何单位和个人均不得缓报、瞒报、谎报或者授意他人缓报、瞒报、谎报。

事件报告的内容和格式要求如下：

1）各部门要规范口头报告的内容和格式，要求内容简洁、清楚、准确。

2）口头报告的内容主要包括事件发生的时间、概况、可能造成的影响等情况。

3）口头报告后应用传真方式报送信息管理部门。

3. 应急处置

网络与信息系统安全事件应急处置应按照各专业协同处理的原则进行，需要内部多个部门和专业协同处置或外部应急资源支持的应急事件，由信息管理部门负责统一协调。

信息管理部门以保障重要应用系统和信息网络及基础应用的安全稳定运行为目标。当发生病毒、非法入侵、网络攻击、有害信息传播、不符合相关规定的涉密信息传播等事件时，应迅速调整网络安全设备的安全策略或隔离事件区域，查找源头，采取有效措施控制事件的发展。当管理信息系统出现软硬件设备故障、网络链路故障、机房环境设备故障等事件时，应立即启用备份系统和备用设备，调整系统运行和安全策略，恢复系统正常运行。

发生Ⅲ级信息系统事件后，事件相关部门应立即启动相关应急预案和专项应急预案，根据事件原因采取相应措施控制影响范围，同时向信息管理部门报告，信息管理部门通知相关部门和工作组启动应急准备工作。

信息系统事件由Ⅲ级发展为Ⅱ级或发生Ⅱ级事件后，事件相关单位应立即启动相关应急预案和专项应急预案开展应急处理。信息管理部门接到应急报告后，根据事件产生的原因协调相关资源，支持事件相关及时、有效地进行处理，控制事件发展，同时上报应急领导小组，部门应急领导小组协调其他应急资源支持应急处理。

事件由 II 级发展为 I 级或发生 I 级事件后，事件相关部门应立即启动相关应急预案和专项应急预案。信息管理部门接到应急报告后，根据事件产生的原因协调相关资源，组织有关各方对事件进行及时、有效地处理，控制事态发展，同时上报应急领导小组。

当出现自然灾害、恐怖袭击、战争、人为非法破坏等重大事件时，发生大规模的计算机病毒爆发、网络攻击、内部人员作案等重大网络与信息系统安全事件时，由于重大技术故障导致信息网络与重要信息系统无法正常运行事件，无法快速恢复正常生产、经营和管理工作时，由应急领导小组上报安全应急办公室，请求上级单位、公安部和信息产业部的应急支持。

4. 应急结束

在同时满足下列条件下，事件相关单位应急领导小组或信息管理部门可以决定宣布解除应急状态。

（1）各种网络与信息系统安全事件已得到有效控制，情况趋缓。

（2）网络与信息系统安全事件处理已经结束，设备、系统已经恢复运行。

（3）上级应急部门发布的解除应急响应状态的指令。

事件相关应急部门应及时向现场应急工作组和参与应急支援的有关单位传达解除应急状态响应的指令，快速恢复正常生产工作秩序。

5. 后期处置

（1）后期观察

I 级网络与信息系统安全事件应急处理结束后应密切关注、监测系统 2 周，确认无异常现象；II 级网络与信息系统安全事件应急处理结束后应密切关注、监测系统 1 周，确认无异常现象；III 级网络与信息系统安全事件应急处理结束后应密切关注、监测系统 2 天，确认无异常现象。

（2）改进措施

网络与信息系统安全事件处理结束后，相关部门应组织研究事件发生的原因和特点、分析事件发展过程，总结应急处理过程中的经验和教训，进行应急处置知识积累，进一步补充、完善和修订相关应急预案。相关部门应结合运行过程中的异常和相关事件，综合分析信息系统中存在的关键点和薄弱点，提出该类事件的整改措施，制定整改实施方案并予以落实，整改措施和方案报信息管理部门备案。

第二节　运维制度管理

一、管理制度架构

数据中心已经依据 ISO27001、ISO9001、ISO20000 等国际和行业标准以及最佳实践的要求，建立了一套制度化、流程化、标准化的数据中心运营管理体系，用以规范数据中心的日常工作，保证其持续稳定运行。该管理体系通过了专业认证并在长期的实施运行中不断进行完善。其说明如表 5-4 所示。

表 5-4　运营管理体系框架说明

内容	说明
管理制度总纲	纲领性文件，主要明确和描述备份中心的职责、工作目标、主要原则和工作内容，并对岗位设置、岗位职责和主要的管理原则进行界定
岗位职责描述	针对生产中心的工作特点，对所需完成的各类工作确定岗位，并对各岗位的职责、工作内容、工作规范和管理制度进行明确和描述
工作规程和管理规定	对整个生产中心范围的工作内容和有关管理规定、工作规范、流程进行说明和明确，如安全管理规定、系统变更管理规定、生产故障处理和管理规定、机房进入管理规定等各方面的管理规定和制度
操作手册	对具体的工作过程和操作命令序列，如能建立技术说明和操作手册都应该尽可能建立起，特别是日常需要进行的操作和在紧急状态下的操作过程均应建立操作手册，以确保有关操作和过程正确无误、稳定可靠
日志记录	对日常巡检监控、设备系统的操作维护、人员设备的进出等建立日志记录表格，进行提醒、记录和检查；每天的日志记录表格需要操作人员、操作领班、值班经理和有关人员进行记录、检查和复核，确保每天的工作有序进行和可追踪
月报统计报表	各项工作需要有一定形式的月报等统计表格，如每月基础环境运行、设备系统更新维护情况、系统故障统计、通信线路和流量统计、系统验证等多项内容，要对各项情况及时地分析和汇总，并适当建立与前期的对比表格

二、管理制度说明

灾难备份系统日常运营管理的好坏，对项目的成功与否有着最为关键的影响。灾难备份系统中的设备平时处于备援状态，当灾难发生时，为保证其能接替生产数据中心的运行，需要灾难备份系统具有非常高的可用性和可靠性；不仅如此，当数据中心面向灾难备份系统的 IT 运行环境、业务处理流程、操作规程等发生变化时，要求在灾备中心的灾难备份系统上及时响应并进行同步变更和处理。要做好以上各方面工作，必须在生产数据中心和灾备中心之间建立良好的互动机制。因此，建立一套与之相适应的运营管理制度，对于整个灾难备份项目而言是不可避免的关键工作。

基于 ITIL 的完善的内部管理制度为基础，数据中心结合实际情况和灾备项目需求，将建立的与之相对应的服务管理接口制度主要包括以下内容，如表 5-5 所示。

表 5-5　管理制度

内容	说明
日常操作运行管理	建立灾难备份系统的日常操作规程，主要包括： ·灾难备份系统日常监控操作流程 ·灾难备份系统日常操作手册 ·日常维护例行工作流程 ·运行记录及工作报表
事件管理	建立灾难备份系统的问题管理流程，主要包括： ·事件的受理和记录流程 ·事件定级及知会流程 ·事件追踪及升级流程 ·事件处理结果反馈流程 ·事件的通知策略 ·与变更、问题管理的接口管理
变更管理	建立灾难备份系统的变更管理流程，主要包括： ·灾难备份系统基准文档维护流程 ·信息系统的变更知会流程 ·信息系统变更评估确认及处理流程 ·业务连续性计划变更维护流程 ·与事件、问题的接口管理
问题管理	建立灾难备份系统的问题管理流程，主要包括： ·问题的受理和记录流程 ·问题定级及知会流程 ·问题的处理流程 ·问题处理结果反馈流程 ·与事件、变更的接口管理

内容	说明
应急响应及恢复管理	建立灾难备份系统的应急响应管理流程，主要包括： ·紧急响应流程 ·灾难恢复 IT 及工作环境检查清单
BCP 维护管理	建立 BCP 维护管理流程，主要包括： ·IT 基准维护管理流程 ·子系统验证管理流程 ·灾难恢复预案的分发、保存及版本更新管理办法
安全管理	建立灾难备份系统安全管理规程，主要包括： ·安全管理架构 ·备份中心物理安全管理制度 ·安全保密制度 ·网络安全管理流程 ·备份系统分级授权机制 ·磁介质管理制度

三、运维服务内容综述

根据项目目标的要求以及灾难备份系统的运行特点，数据中心将提供专业的运维服务管理，确保数据中心可以长期有效地稳定运行。

对此，数据中心提供以下各类专业服务项目：基础设施保障服务、基准验证服务、现场值守服务、事件管理服务、问题管理服务、变更管理服务、安全管理服务、客户管理服务、后勤保障服务、运维质量管理服务、服务水平管理、演练配合服务、灾难恢复服务、接替生产中心运行服务。

四、基础设施保障服务

1. 基础设施保障服务管理

数据中心指定专人作为本项目的基础设施保障服务经理，作为机房基础设施资源保障、维护及相关协调的负责人。

2. 基础设施及机房环境维护

（1）供配电系统：数据中心所配备的冗余变压器、高压及低压配电系统、后备柴油发电机、UPS 的日常巡检与维护、定期巡检、记录机房配电系统的运行情况，发现问题并及时有效处理。

（2）空调系统：数据中心会定时检查机房的环境温湿度，确保机房始终处于符合国家 A 级机房标准的恒温、恒湿、通风状态，监控空调系统运行情况，发现问题及时处理。

（3）消防系统：数据中心每月巡检，并记录消防系统的运行情况，每年组织消防培训和进行演练。

（4）报警：对机房的 UPS、温度、电源等重要环境设施进行集中监控，并实现及时报警。

（5）数据中心将对机房的供配电、温度、湿度、漏水、空调、安全等重要设施进行 7×24 小时集中监控，并实现声光报警。每季度组织厂商对环境监控系统进行维护。

（6）数据中心提供 7×24 小时保安巡视，每月对门禁系统情况进行检查和维护。

（7）数据中心对机房的漏水检测系统按月进行检查测试。

（8）数据中心定期检查监控系统，定期对监控录像系统进行维护保养。

（9）数据中心提供机房及周边环境的卫生清洁服务。

（10）数据中心对所有检查维护行为做详细记录。

3. 机房安全管理

（1）数据中心通过门禁系统控制对机房的访问，非授权人员不得入内。

（2）数据中心为机房配备闭路电视监控系统、门禁系统，对机房实行 7×24 小时的实时监控。

（3）将机房实行的闭路电视监控系统、门禁系统等监控记录的磁介质妥善保留 1 个月。

（4）对机房内所有物品实行严格的事前进出审批及进出登记制度，对记录文档妥善保留一年。

（5）提供进出机房陪同，并协助满足厂商进行服务的需求。

4. 现场值守服务

（1）现场值班经理。数据中心将由运营小组组长担任值班经理，负责安排数据中心相关人员的值班、巡检、信息汇总等，并及时向客户或委办局相关负责人进行礼貌沟通。

（2）服务内容描述。数据中心提供基础设施环境监控服务，包括供电系统、空调系统、消防系统及安保系统等。7×24 小时定期巡检设备状态，并按要求提供巡检记录报告。数据中心提供机房 7×24 小时值班服务，值班服务包括机房定时巡查、出入人员登记、配合进行故障排查、简单的连接与断开、介质取放、杂物清理等服务，上述这些服务基于 ITIL（事件、问题和变更的标准流程）执行。

1）按运行操作手册提供 365×24 系统运行操作。

2）填写交班记录和运行日志。

3）制定数据中心环境设备监控手册，并按手册要求进行设备监控，填写监控报告。

4）按运维管理流程及时向管理系统报告问题 / 异常。

5. 事件管理服务

事件管理服务的目的是尽快恢复基础设施的服务或响应服务要求。事件管理服务要求记录所有的事件，并建立流程来管理事件的影响。事件管理流程规定了所有事件的记录、优先排序、业务影响、分类、更新、调整、解决和正式关闭情况，并通知客户，使其了解报告的事件或服务请求的进展情况，当不能达到约定的服务等级或无法完成约定的措施时应提前警告客户。

（1）根据各类用户投诉记录事件：相关的事件描述，用户信息等。

（2）建立知识库，对事件进行初判并试图解决事件。

（3）对事件进行跟踪，并能及时通知相关人员尽快解决事件，直到事件关闭。

（4）对未按时解决的事件，进入事件升级流程，即将事件升级并上报上级主管单位。

（5）协调相关人员快速解决事件。

（6）提供事件查询及事件进程查询。

（7）对各类变更及事件影响程度按流程进行通知。

（8）评估相关人员解决事件所需时间，进行绩效考核。

（9）系统能够对相关维护人员每月的故障解决率、故障解决及时率进行统计。

（10）统计每月、每年的事件次数和故障次数。

事件管理涉及的所有人员都可以访问相关的信息，如已知错误、事件解决方案和配置管理数据库，应对重大事件进行分类并根据过程进行有效管理。

事件管理包括确定、记录、跟踪和纠正项目实施过程中出现的问题，并制定相应的解决方案以降低或预防事件的重复出现。

一般来说，事件等级分为1级事件、2级事件、3级事件、4级事件。

6. 事件管理上报

对于项目执行阶段，数据中心公司和客户（或委办局）所定义的1—4级事件真正发生时，数据中心公司提供以下上报管理服务，使得客户（或委办局）时时刻刻了解事件的进展和解决情况。

1—4级事件的通知策略及响应时长（可根据项目具体调整）如表5-6和表5-7所示。

表5-6 1—4级事件的通知策略

严重等级	灾备中心	事件负责人	事件管理员	甲方项目经理	事件负责人——客户服务经理（PM）
1	联系灾备中心报告事件	灾备中心立即电话通知	灾备中心立即电话通知	灾备中心发送SMS/Email通知（<15分钟）& 客户经理电话通知（<30分钟）	灾备中心发送SMS/Email通知（<15分钟）
2	联系灾备中心报告事件	灾备中心立即电话通知	灾备中心立即电话通知	灾备中心发送SMS/Email通知（<25分钟）& 客户经理电话通知（<30分钟）	灾备中心发送SMS/Email通知（<15分钟）

严重等级	灾备中心	事件负责人	事件管理员	甲方项目经理	事件负责人——客户服务经理（PM）
3	联系灾备中心报告事件	灾备中心立即电话通知	灾备中心立即电话通知	灾备中心发送 SMS/Email 通知（<25 分钟）& 客户经理电话通知（<40 分钟）	灾备中心发送 SMS/Email 通知（<15 分钟）
4	联系灾备中心报告事件	灾备中心立即电话通知	灾备中心立即电话通知	灾备中心发送 SMS/Email 通知（<25 分钟）& 客户经理电话通知（<60 分钟）	灾备中心发送 SMS/Email 通知（<15 分钟）

表 5-7　1—4 级事件的响应时长

严重等级	响应时长
1 级严重级别事件	在 30 分钟内做出响应，在 2 个小时内解决
2 级严重级别事件	在 60 分钟内做出响应，在 4 个小时内解决
3 级严重级别事件	在 4 小时内做出响应，在 48 个小时内解决
4 级严重级别事件	在 24 小时内做出响应，在一周内解决

五、变更管理服务

变更管理服务是 IT 服务管理标准 ITIL 中的一个重要范畴。数据中心在多年的灾难备份服务经历中深刻体会到：在对灾难备份系统长期的服务管理工作中，变更管理是一个极其关键的、绝对不可忽略的重要工作范畴。可以毫不意外地说，变更管理的好坏，将直接影响建设的灾难备份系统，是否能够在紧急灾难关头成功地实现系统即时切换并恢复运行。

根据数据中心对灾难备份系统多年维护管理的经验，人们认为灾难备份系统通常具有以下几个特性。

灾难备份系统一旦建立，需要在长达数年甚至数十年间的整个服务周期内一直保持其完整性和有效可用性。

灾难备份系统所面对的生产系统一定会变更，灾难备份系统的变更将和生产系统的变更保持一致或处理性能的匹配，但是生产系统的变更并不依赖灾难备份系统的变更来完成。

对灾难备份系统的变更需求通常会被忽略，使灾难备份系统的变更经常处于未知或被动的状态。

因此，当灾难备份系统建立并投入运行以后，为切实保证这个备份系统能够长期有效地与生产系统保持同步可用，一个关键问题就是要保证备份系统根据生产系统的变更保持有效同步。

灾备中心根据在国内灾难恢复行业多年运作的经验，结合国内客户的特点制定出一整套切实可靠的变更管理服务措施，能够在长期维护客户灾难备份系统的服务工作中，确保客户灾难备份系统根据生产系统的变更进行有效同步的互动，并在工作中尽力保证生产系统和备份系统的平稳变更。

1. 变更管理目标

数据中心将提供流程化的变更管理，减少或避免因为疏忽、缺少资源、准备不充分等导致变更失败或产生其他的问题。

（1）确保所有对灾难备份系统的变更都遵循标准的方法、程序和规则进行。

（2）确保所有对灾难备份系统的变更都能快捷有效地进行。

（3）减少或避免与变更相关的事故对灾难备份系统运行的影响。

（4）确保所有对灾难备份系统的变更都有明确、完整的记录可被追踪。

（5）确保所有的变更都有严格审核机制和恢复方案。

（6）通过对变更的评估管理，采取相应的控制措施控制变更的风险。

2. 变更内容分析

（1）灾难备份系统所面临的变更范围将涵盖设备、系统、网络、服务要求等方面。

1）硬件变更：由于生产系统硬件配置的变更，所引起的灾难备份系统的设备硬件变更，如硬件更换、硬件升级等。

2）软件变更：由于生产系统的操作系统或相关软件的变更，所引起的灾难备份系统中相关系统软件、应用软件、通信软件等的变更。比如操作系统版本升级、软件产品版本升级或更换、镜像卷组的调整等。

3）网络变更：由于生产网络配置的变更，所引起的灾难备份系统网络配置的变更，如路由配置、网点配置等。

4）通信变更：为了满足灾难备份系统所引起的通信线路需求的变更，如带宽升级等。

5）服务要求变更：如对 Mirror View 数据复制系统暂停 / 恢复的要求，对备份磁带循环的周期变更等。

6）文档流程变更：对支持或维护灾难备份系统正常运行的所有相关文档、规程、流程进行的变更。

（2）此外，根据灾难备份系统的运行特点，人们认为灾难备份系统发生的变更分为以下几种。

1）常规变更：对灾难备份系统所进行的变更是双方预先约定的变更范围，相应的变更工作流程双方事先应已经共同确定。

2）项目变更：对灾难备份系统所需进行的变更是双方无法事先约定的，是在灾难备份系统长期运行过程中随着业务发展而产生的，这类变更往往涉及备份系统的配置变更，需要经过双方进行变更方案及成本的协商确定后方可实施的变更。例如，设备硬件升级、通信线路带宽升级、服务范围增加等。

3）紧急变更：由于意外原因引发的对灾难备份系统进行的临时变更，需要提交对方紧急处理，如通信线路临时发送维修暂停通知等情况所产生的变更。

3. 变更管理服务方式

根据以上变更内容分析，灾备中心提供的变更管理服务将从以下几个方面实现。

（1）建立有效的变更互动机制。数据中心可根据灾难备份系统维护服务的经验，提出一套变更的通知及互动流程，在此基础之上，双方再针对生产系统的运行和管理特点，共同协商和制定一套可共同操作的变更知会单及变更处理流程。该变更处理流程要同时适用于同城和异地灾备中心。

（2）变更响应热线。灾备中心将提供 7×24 小时客户服务热线电话和应急响应电话，可在任何时间内响应和受理客户提交的变更请求，将变更请求及时分派到有关部门进行相应处理之后，还将跟踪变更的执行情况及处理结果并及时反馈或以书面形式向上级部门汇报。

（3）定期基准核对。灾备中心将定期进行灾难备份系统的基准环境核对工作，对有关设备的硬件配置、操作系统版本、配置、应用软件版本、网络设备及配置等情况进行统计与核对，同时根据统计核对的结果更新双方的文档资料，保证灾难备份系统与生产系统处于同步更新状态之中。

（4）定期统计报告。灾备中心将定期提供当期灾难备份系统的变更汇总统计报告，以便客户（或委办局）详细了解灾难备份系统的变更情况及变更后的现状。

4. 变更处理流程

常规变更和紧急变更的发起源自两个不同方面，对此，数据中心灾难备份中心初步考虑了以下两类变更处理流程框架，具体变更处理流程将在新一期项目实施中进行进一步的完善。

（1）重大变更处理流程。当因业务发展需要，在服务期内对生产数据中心进行同城范围内的搬迁，或对灾难备份系统现有的设备、系统、网络、服务方案等提出变更需求时，数据中心将对变更需求所涉及的范围进行评估，在确定服务内容不变的前提下，根据评估的结果提交变更实施报告，包括变更的实施计划、实施方案以及所需的资源、测试的目标等，双方就变更报告共同商定完善并予以实施。

（2）紧急变更处理流程。紧急变更实施过程中存在很大的不确定性，应尽量减少紧急变更，当紧急变更无法避免时，按以下流程进行处理：灾备中心、客户或委办局任何一方提出紧急变更请求时，都应该根据影响度、紧迫性、优先级对变更进行评估，确定变更请求属于紧急变更，否则按常规变更处理流程进行处理。确认变更为紧急变更后，双方必须通过事前约定的方式通知对方，共同进行紧急变更实施方案准备，如有时间对变更实施方案进行测试，应尽量安排测试，确保变更实施方案的安全性、可操作性。双方根据确定后的紧急变更实施方案协调相关资源实施变更。若变更实施成功，总结变更实施情况，并知会相关人员紧急变更处理完成；否则启动回退计划，重新准备变更实施方案，组织变更实施。

六、问题管理服务

问题管理服务也是 ITIL 中的一个极为重要的范畴。根据数据中心在灾难备份服务行业的实践经验，可以知道面向灾难备份系统的运行特点及维护要求，问题管理是一个需要认真对待和认真管理的重要工作范畴。问题管理的水平，将直接影响以高科技手段建立起来的灾难备份系统，是否能够在日复一日、年复一年的长期运行过程中，保持稳定可靠的运转，确保灾难备份系统能够真正达到人们预期的标准和希望。

1. 问题管理目标

数据中心根据自身多年的管理以及灾难恢复运作经验，结合国内客户的特点，制定了一套完善有效的问题管理服务制度和措施。长期以来，数据中心在维护客户灾难备份系统工作中，正是依靠这套制度做到了在发生问题前，能尽早清除隐患；在发生问题后，能及时发现问题，并有效控制问题影响范围；在定位问题后，能够分析问题发生的原因，迅速解决问题，并有效防止同类问题的再次发生。

数据中心将提供流程化的问题管理，减少或避免因人为疏忽或处理不当等导致的任何过失。

（1）确保所有对灾难备份系统的问题处理都按照标准的流程和规则有序进行。

（2）确保所有对灾难备份系统的问题处理都能快捷有效地进行。

（3）确保所有对灾难备份系统的问题处理都有明确、完整的记录可被追踪。

（4）对所有问题的处理过程和结果都要进行事后评估，采取相应的控制措施，避免问题再次发生。

2. 问题管理服务方式

数据中心灾难备份系统提供的变更管理服务将从以下几个方面实现。

（1）严密防备。灾备中心将根据客户或委办局灾难备份系统的生产运行要求，建立起相关的设备、系统、网络巡检、监控机制，并严格执行。

（2）实时监控。灾备中心将为客户或委办局灾难备份系统提供 7×24 小时的运行监控服务，来确保可以及时发现和报告问题。

（3）问题响应热线。灾备中心将提供 7×24 小时服务热线电话，可在任意时间内响应和受理问题报告，将问题报告及时有效地分派到有关部门进行相应处理之后，还将跟踪问题的执行情况，将处理结果向相关单位及时反馈或以书面形式进行汇报。

（4）问题响应处理。灾备中心将配备 7×24 小时值班的技术工程师，确保可以及时响应、处理灾难备份系统发生的问题。

（5）问题处理汇报。灾备中心对每次问题发生及处理的结果进行经验和教训总结，根据需要更新双方的灾难恢复文档资料，确保灾难备份系统的持续稳定运行。

（6）定期统计报告。灾备中心将定期提供当期灾难备份系统的问题汇总统计报告，对灾难备份系统发生的问题进行趋势分析，发现灾难备份系统存在的隐患，提出处理建议，以便各相关单位详细了解灾难备份系统的运行情况及发展趋势。

3. 对数据中心灾难备份中心发起的问题报告的处理流程

当灾备中心在系统监控过程中发现灾难备份系统运行出现问题时，灾备中心将按下述处理流程报告问题，双方将尽快解决问题，以求尽可能降低问题对灾难备份系统的负面影响或尽快恢复灾难备份系统的正常运行。主要处理环节有以下几点。

（1）灾备中心将对问题做详细的记录，并及时报告数据中心灾难备份中心值班工程师。问题记录的内容包括问题发生时间和日期、问题现象描述、问题发现人的信息。

（2）灾备中心值班工程师受理问题后，将按以下方式对问题进行归类、定级，并按约定的方式及时通知相关人员。包括确定与问题相关的服务；问题对服务的影响情况；问题的大小；问题范围和复杂程度；当前可供事故处理的资源。

（3）灾备中心将协调资源，包括第三方厂商，对问题进行调查分析，找出问题发生的根本原因，提出问题解决方案，并组织对问题解决方案进行测试。若问题解决方案测试不通过，将重新提交问题解决方案。

（4）数据中心协调相关资源实施问题解决方案，解决问题，恢复灾难备份系统的正常运行。

（5）问题处理完成后，灾备中心将提交问题处理报告，对于问题解决处理情况进行全面总结，必要时提出预防措施，防止问题再次发生。

（6）若问题需要客户或委办局进行处理，相关单位应协调相关资源进行问题处理，灾难备份中心值班工程师将全力配合问题的处理。问题处理完成后，单位应提交相关问题处理报告。

5. 重大问题处理流程

当灾备中心或客户（委办局）在对灾难备份系统的监控过程中发现灾难备份系统运行出现重大问题时，双方应本着快速报告、快速解决的精神对重大问题进行处理和解决，以求尽可能降低问题对灾难备份系统的负面影响或尽快恢复灾难备份系统的正常运行。

七、客户服务管理

为确保数据中心提供的灾难备份服务符合约定要求，灾备中心除了建立以上的各项管理服务体系之外，还要确保客户对灾备中心服务质量及对灾难备份系统运行情况的评价及时准确地反馈到灾备中心。

对此，数据中心对提供的各项服务进行质量管理控制。

在以客户为中心的客户服务管理过程中，数据中心会从以下几个方面切实体现真正优质的服务管理。

1. 完善服务标准

数据中心将根据客户灾难备份系统的运行特点，在服务中心达到灾备中心应提供的灾难备份运营服务指标要求，并以此为目标来严格执行。

2. 建立联动机制

建立生产中心与同城灾难备份中心联动机制，包括联络方式、对应人员等，一旦出现紧急情况，根据约定在第一时间联系对应人员共同解决问题，提高事件响应速度。

3. 客户经理负责

数据中心将指定专门的客户经理，定期前往客户或委办局征询对灾难备份中心服务情况的反映意见，并将问题和建议及时反馈到数据中心，督促公司各有关部门和灾难备份中心做出及时的改进和修正，并将改进措施和结果及时向相关单位汇报。

4. 月度服务报告

数据中心将按月定期向服务客户提交上月的系统运行月报，其中包含以下内容。

（1）机房运行情况汇报。

（2）数据复制系统的运行情况、数据统计及维护情况汇报。

（3）灾难备份设备系统的检查维护情况汇报。

（4）灾难备份系统的变更汇总情况汇报。

（5）问题处理情况汇报。

（6）服务水平（SLA）执行情况汇报。

（7）存在问题与解决建议。

（8）双方往来文档列表。

（9）其他约定的情况汇报。

5. 定期评估总结

数据中心将定期召开灾难备份服务情况的评估总结会。总结会由数据中心提交当期的服务运行报告，针对各项服务情况进行详细汇报，并由服务客户对整体服务情况进行总体评估和总结，最后双方共同对存在的差异制定相关的改进措施，在不断总结的基础上持续进步。

八、运维服务质量管理

在保障灾备系统安全、稳定、有效地运行中，运行维护系统服务质量起到至关重要的作用，数据中心将制定一套有关服务质量的管理评估标准，并按照服务合约对服务质量进行检查和评估。

1. 服务质量管理

为确保数据中心提供的服务是可测量、可评估、可持续改进的专业服务，数据中心根据服务水平协议和工作内容说明制定服务质量测评管理标准，对生产系统维护服务过程的服务目标进行定义，服务范围明确说明、服务指标量化、对服务质量要求与测评方法进行定义，并定期按此标准进行评测和检查。

2. 服务质量评估

数据中心对日常运营服务的内容进行量化定义，定期提交系统运行的服务水平达成表，总结分析服务提供情况以及对服务存在的差异进行的服务质量评估。

九、服务水平管理

1. 客户服务经理

数据中心指定专人作为本项目的客户服务经理。客户服务经理作为客户和数据中心的唯一正式桥梁，沟通、协调和管理数据中心内部的一切资源，为客户提供优质的运维管理外包服务。

客户服务经理组织运维服务管理团队并对数据中心投标书中提供的所有服务情况进行监控和自我检查，并且与相关人员及时沟通，通过各种渠道了解最新需求并及时反馈。

2. 服务内容描述

服务水平管理是保证数据中心能够按照合同约定的服务内容和服务水平顺利交付服务的最基础保证。此服务的提供者是数据中心客户服务经理。

数据中心客户服务管理遵循多年外包经验总结的项目管理方法论，针对这套方法论，数据中心将对运营管理提供项目管理服务。

数据中心客户服务经理每月会根据需要和项目经理组织召开双方的服务总结例会，总结所在机房基础设施维护的执行情况和相关厂商的具体服务情况。

十、灾难恢复服务

当生产中心发生灾难时，灾备中心提供如下灾难恢复服务。

1. 系统网络准备就绪检查：灾备中心系统运行状况检查；灾备中心网络设备运行状况检查；灾备中心与生产中心，各支机构通信线路、网络流量及传输质量检查；机房环境准备就绪检查；特殊授权处理流程启动，包括灾备中心人员的出入、机房门禁卡、用户使用情况等。

2. 环境及支持人员准备就绪检查。

3. 协助信息管理服务：提供灾备中心整体运行状况报告、灾备系统切换准备就绪报告，协助通知相关人员及相关单位。

4. 场地保障支持服务。

5. 网络保障支持服务及所需网络开通服务。

6. 配合执行灾难恢复预案：实施系统切换，进度控制，实施中问题记录、分析、总结及报告。

7. 后勤保障准备就绪。

十一、应急资源保障

1. 人员保障

人力资源的保障是应急保障措施中的一项重要工作内容。在应急响应工作中，各部门应服从应急领导组、应急管理组的统一协调和安排。应加强信息系统突发事件应急技术支持队伍的建设，通过各种应急管理与应急技术的培训和应急演练，不断提高应急人员的业务素质、技术水平和应急处置能力。

2. 设备保障

应按需要配备相应的应急设备。应急设备包括但不仅限于以下设备：重要信息系统主机的冗余配置以及灾备；通信网络的关键设备部件（核心路由器、核心交换机等）的冗余配置；应急响应相关工具，包括木马、后门检测工具等。

对于重要信息系统的设备部件，根据应急情况需要临时配备应急设备时，可与相关厂商签署紧急供货协议或租赁协议。

3. 财务保障

财务部门应对信息系统应急响应所需的相关经费给予充分保障，相关经费需求应该包括但是不限于以下几个方面：应急响应相关人员培训费用、应急设备购置费、应急演练相关费用、应急支援服务费等。

4. 通信保障

应急期间，指挥、通信联络和信息交换的渠道应该得到保证，主要通信方式包括但不限于电话、手机、传真、电子邮件等，有关应急联系人员的手机应保持 24 小时开机状态。应急期间，需要按照事先规定的沟通路径在信息系统应急响应组织成员之间进行沟通，以保证通信渠道畅通，避免信息通道拥堵。

5. 后勤保障

信息管理部门应做好信息系统应急响应后勤保障工作，确保信息系统应急响应工作能够顺利开展。

信息系统应急响应后勤保障主要包括应急人员食宿、交通的安排，应急物资的运输，应急办公环境的提供和管理。

6. 技术保障

应急技术资料是所在城市工商局信息系统重要的技术信息，包括网络拓扑结构、应用系统（包含数据库、中间件、应用软件）的配置、相关设备的型号及配置、主要服务商信息等详细信息。信息管理部门应将这些信息建立技术档案并及时更新，以保证与实际情况一致性。

在经费得以保障的情况下，应与厂商和服务商签订服务水平协议，加入应急事件技术支持的内容，保证外部技术人员在应急事件发生时能够在规定时间内迅速到达现场，参与事件损害评估、系统抢修及系统切换等工作。

信息管理部门应与第三方技术专家保持沟通，逐步建立应对各种信息系统突发事件的应急专家组。

十二、应急宣传、培训与演练

1. 宣传

信息管理部门应利用各种途径宣传应急响应相关法律法规和应急响应基础知识，开展信息系统突发事件应急预防、预警、自救、互救和减灾等知识的宣传活动，普及信息系统应急处置的基本知识。

2. 培训

在网络与信息系统安全应急预案编制完成和修订后，信息管理部门应通过培训使有关人员熟练掌握应急处理的程序、明确自己在突发事件中所扮演的角色、提高应急处理能力。

为确保网络和信息系统安全应急预案有效运行，信息管理部门、各单位在网络与信息系统安全应急预案编制完成和修订后，应该定期或不定期组织不同层次、不同类型的培训班或研讨会，以便不同岗位的应急人员都能全面熟悉并掌握信息系统应急处理的知识和涉及预案的各级人员应结合本岗位安全职责和应急预案的要求，管理人员应熟练掌握本单位应急预案中有关报警、接警、出警和组织指挥应急响应的程序等内容，专项应急预案操作人员应熟悉各个操作步骤和操作命令。

各单位网络与信息系统安全教育应包括本单位应急预案的有关内容，使有关人员熟悉本单位应急处理的流程、应急处理设施的使用、应急联系电话、应急报告的内容和格式。

3. 演练

为了验证、完善和优化预案中的各项内容（包括管理组织机构、人员安排、应急流程、资源保障等），确保在突发事件发生的情况下，具备对突发事件的应急响应处理能力，制订预案的演练及维护计划。

演练的主要目的在于确认当前应急恢复所制定的策略、组织机构、人员角色、应急响应具体流程均已被所有相关人员充分了解到，验证现有应急流程的正确性和有效性，发现潜在的问题，完善和优化现有的应急流程，符合预期目标。

演练采取循序渐进的方法，在范围上由小到大；在流程上采用分阶段的处理方法；在演练的过程中不断进行测试和完善应急工作中的各个环节，最终达到对整个应急流程的测试和完善。

应急预案的演练需要制订详细周全的演练计划及相关准备工作，合理安排、精细组织，确保演练工作的安全，并制定出在一系列意外情况下出现的应急措施。

要明确演练的目的和要求，记录演练过程，对演练结果进行评估和总结。

各单位应根据信息系统的关键点和薄弱点，根据系统和设备的重要程度有针对性地开展演练，演练应突出重点和关键。

各专项应急预案制订后，各单位要组织相应的演练，在重大节假日前均应开展相关的演练。各单位每年应至少组织一次联合演习。

各单位要通过演练验证本单位应急预案和各专项应急预案的合理性，及时修订和完善应急预案和各专项应急预案。

第三节　安全管理服务

为实现灾备系统运营管理中可靠性的目标，数据中心将提供对灾备中心以及灾难备份系统的安全控制。在项目实施准备期间，数据中心将与客户共同开发制定信息安全管理文件，并就有关项目安全控制实施得到双方共同认可和支持。数据中心须严格遵守双方签订的灾难备份服务系统相关合同中的保密条款。

1. 安全管理通则

数据中心提供以下安全管理通则，并承担相应的责任。

（1）数据中心确认其在中国境内开展灾难备份系统相关运营服务的合法合规性。

（2）确认满足国家和行业主管部门的从业资质要求。

（3）在项目实施准备期间，与客户或委办局确认日常运行手册中安全管理内容，并在双方共同认可后予以实施。

（4）数据中心将依据国际通行的 ISO9000，ISO20000 与 ISO2700 等标准，在灾备中心内部建立质量管理体系（Quality Management System，QMS）与信息安全管理体系（Information Security Management System，ISMS），强化灾备系统的信息安全管理。

（5）数据中心将通过内外部审核工作的开展，确保各项制度、流程、工作得到合理的实施。

（6）数据中心将根据法律、法规、技术与客户的要求，定期调整灾备中心的安全管理体系，确保安全管理的要求能切实落实到灾备中心的日常运营当中。

2. 人员的安全

灾备中心确认在中国境内开展灾难备份系统相关运营服务的合法合规性，灾难备份中心将严格遵守国家的法律、法规，确保在本运营服务期间涉及合理的客户数据安全和业务秘密。

（1）所有数据中心参与本运营服务项目的人员，均与公司签订保密协议。

（2）灾备中心及其员工承诺将严格遵守法律、法规，绝不将客户的业务数据、客户信息透露给第三方（依法披露除外）。

（3）灾备中心将严格限制和控制自己的职员获得客户业务信息（包括各种应用和业务数据、报表、传真、文档等）。

（4）灾备中心将对访问项目敏感信息的职员和其他人员进行必要的培训，保证其拥有适当的技能和资质，保证其掌握必备的信息安全管理制度和安全保密意识。

（5）灾备中心将对员工实施严格的考核机制与聘用管理制度，从员工进入灾备中心开始到离开灾备中心进行全程监控管理。

3. 物理的安全

（1）为确保灾备中心的公共安全，数据中心与附近的公安、消防部门等建立密切联系。

（2）灾备中心采用有效的全区域实时监控、周界红外线报警系统及 110 联网报警系统，对园区实行集中监控、7×24 小时保安巡逻，全面保证中心园区物理设施的安全性。

（3）灾备中心对机房等关键区域采用 7×24 小时监控录像，录像数据保留一年。

（4）灾备中心园区实行严格的授权准入制度与分区域管理制度，外来人员需要获得授权并在内部人员陪同下，才能够进入园区的各安全管制区域。

（5）灾备中心关键区域和机房实行严格的门禁系统保护的准入制度。

（6）灾备中心对需进出园区或机房的设备和物品履行严格的核查及放行手续，其中进出机房的设备还必须获得中心管理层的审批方才可以进行核查与放行。

4. 安全审核

（1）数据中心将通过外审服务的选择，从第三方角度去检查灾备中心的安全管理水平。

（2）数据中心在灾备中心内部成立专门的内审机构，定期对中心运营工作进行审核，确保中心的工作能符合法律法规、合约以及客户的相关要求。

（3）数据中心会配合客户聘请或指派的外审人员，完成对灾备系统管理的符合性检查。

第六章 云存储虚拟化安全

在云计算与云存储平台上，资源高度集中，多租户共享物理资源，并且租户可部署应用软件，导致云服务提供商无法保证自身平台的安全性，用户失去了对数据的物理控制权，平台上大量的系统软件和应用软件带来非常严重的安全隐患。

作为云平台的支撑技术——虚拟化技术，经常漏洞百出。目前主流的虚拟化系统，如Ken，KVM、VMware等都存在很多安全漏洞；云平台上租户部署的商业操作系统与应用软件的安全漏洞则数以千计。

第一节 云存储虚拟化技术

云存储是由第三方运营商提供的在线存储系统，如面向个人用户的在线网盘和面向企业的文件、块或对象存储系统等。云存储的运营商负责数据中心的部署、运营和维护等工作，将数据存储包装成服务的形式提供给客户。云存储作为云计算的延伸和重要组件之一，提供了"按需分配，按量计费"的数据存储服务。因此，云存储的用户不需要搭建自己的数据中心和基础架构，也不需要关心底层存储系统的管理和维护等工作，可以根据其业务需求动态地扩大或减小其对于存储容量的需求。

云存储通过运营商集中、统一的部署和管理存储系统，降低了数据存储的成本，进而降低了大数据行业的准入门槛，为中小型企业进军大数据行业提供了无限可能。比如，著名的在线文件存储服务提供商Dropbox，就是基于AWS（Amazon Web Services）提供的在线存储系统S3创立起来的。在云存储兴起之前，创办类似于Dropbox这样的初创公司几乎不太可能。云存储背后使用的存储系统其实多是采用分布式架构，而云存储因其更多新的应用场景，在设计上也遇到了新的问题和需求。除此以外，云存储和云计算一样，都需要解决的一个共同难题就是关于信任（Trust）问题——如何从技术上保证企业的业务数据放在第三方存储服务提供商平台上的隐私和安全，的确是一个必须解决的技术挑战。

将存储作为服务的形式提供给用户，云存储在访问接口上一般都会秉承简洁易用的特性。比如，亚马逊的S3存储通过标准的HTTP协议和简单的REST接口进行存取数据，用户分别通过Get，Put和Delete等HTTP方法进行数据块的获取、存放和删除等操作。出于操作简便方面的考虑，亚马逊S3服务并不提供修改或者重命名等操作；同时，亚马逊S3服务并不提供繁杂的数据目录结构，而仅仅提供非常简单的层级关系；用户可以创建一个自己的数据桶（bucket），所有的数据直接存储在这个 bucket 中。另外，云存储还需要解决用户分享的问题。亚马逊 S3 存储中的数据直接通过唯一的 URL 进行访问和标识，因此，只要其他用户经过授权，便可以通过数据的 URL 进行访问。

存储虚拟化是云存储的一个重要技术基础，是通过抽象和封装底层存储系统的物理特性，将多个互相隔离的存储系统统一化为一个抽象的资源池的技术。通过存储虚拟化技术，云存储可以实现很多新的特性，比如，用户数据在逻辑上的隔离、存储空间的精简配置等。

一、虚拟化技术概述

虚拟化技术其实很早以前就已经出现了，虚拟化的概念不是最近几年才提出来的。虚拟化技术最早出现于 20 世纪 60 年代，那时候的大型计算机已经支持多操作系统同时运行，并且相互独立。如今的虚拟化技术不再是仅仅支持多个操作系统同时运行这样单一的功能了，它能够帮助用户节省成本，同时提高软硬件开发效率，为用户的使用提供更多的便利。尤其近些年来，虚拟化技术在云计算与大数据方向上的应用更加广泛。虚拟化技术有很多分类，针对用户不同的需求涌现出了不同的虚拟化技术与方案，如网络虚拟化、服务器虚拟化、操作系统虚拟化等，这些不同的虚拟化技术为用户很好地解决了实际需求。

云计算与云存储依赖虚拟化技术实现各类资源的动态分配、灵活调度、跨域共享，从而极大提高资源利用效率，并使 IT 资源能够真正成为公共基础设施，在各行各业得到广泛应用。

维基百科对虚拟化的定义为：虚拟化是将计算机物理资源，如服务器、网络、存储资源及内存等进行抽象与转换后，提供一个资源的统一逻辑视图，使用户可以更好地利用这些资源。这些资源的新的虚拟视图不受原物理资源的架设方式、地理位置或底层资源的物理配置的限制。

因此，可以说虚拟化是一种整合或逻辑划分计算、存储以及网络资源来呈现一个或多个操作环境的技术，通过对硬件和软件进行整合或划分，实现机器仿真、模拟、时间共享等。通常虚拟化将服务与硬件分离，使得一个硬件平台可以运行以前要多个硬件平台才能执行的任务，同时每个任务的执行环境是隔离的。虚拟化也可以被认为是一个软件框架，在一台机器上模拟其他机器的指令。

目前广泛使用的虚拟化架构主要有两种类型，根据是否需要修改客户操作系统，分为全虚拟化（Full Virtualization）和半虚拟化（Para Virtualization）。全虚拟化不需要对客户操作系统进行修改，具有良好的透明性和兼容性，但是会带来比较大的软件复杂度和性能开销。半虚拟化需要修改客户操作系统，因此一般用于开源操作系统，可以实现接近物理机的性能。

在两种基本结构中，虚拟机监视器（Virtual Machine Monitor，VMM）或虚拟机管理程序（Hypervisor）是虚拟化的核心部分。VMM 是一种位于物理硬件与虚拟机之间的特殊操作系统，主要用于物理资源的抽象与分配、I/O设备的模拟以及虚拟机的管理与通信，可以提高资源利用效率，实现资源的动态分配、灵活调度与跨域共享等。

在全虚拟化架构中，VMM直接运行在物理硬件上，通过提供指令和设备接口来提供对上层虚拟机的支持。全虚拟化技术通常需要结合二进制翻译和指令模拟技术来实现。大多数运行在客户操作系统中的特权指令被VMM捕获，VMM在这些指令执行前捕获并模拟这些指令。对于一些用户模式下无法被捕获的指令，将通过二进制翻译技术处理，通过二进制翻译技术，小的指令块被翻译成与该指令块语义等价的一组新的指令。

在半虚拟化架构中，VMM作为一个应用程序运行在客户操作系统上，利用客户操作系统的功能实现硬件资源的抽象和上层虚拟机的管理，半虚拟化技术需要对客户操作系统进行修改，特权指令被替换为一个虚拟化调用（Hypercall）来跳转到VMM中。虚拟域可以通过Hypercall向VMM申请各种服务，如MMU（Memory Management Unit，内存管理单元）更新、I/O处理、对虚拟域的管理等。VMM为客户操作系统提供了一些系统服务的虚拟化调用接口，包括内存管理、设备使用及终端管理等，来确保全部的特权模式活动都从客户操作系统转移到VMM中。

硬件辅助虚拟化是全虚拟化的硬件实现。由于虚拟化技术应用广泛，主流硬件制造商在硬件层面提供了虚拟化支持，例如Intel的VT-x、AMD-V和ARM的VE（Virtualization Extension）。当客户操作系统执行特权操作时，CPU自动切换到特权模式；完成操作后，VMM通知CPU返回客户操作系统继续执行当前任务，硬件虚拟化已被广泛应用于服务器平台。硬件辅助虚拟化不同于半虚拟化，需要对操作系统进行修改，同时也不需要二进制翻译和指令模拟技术，因此比全虚拟化和半虚拟化技术效率都要更高。而半虚拟化技术通过改变客户操作系统代码来避免调用特权指令，进而减少了二进制翻译和指令模拟带来的动态开销，因此通常半虚拟化比全虚拟化速度更快。但是半虚拟化需要维护一个修改过的客户操作系统，因此也将带来一定的额外开销。

在虚拟化系统中，有一个特权虚拟域Domain 0。它是虚拟机的控制域，相当于所有VMS中拥有root权限的管理员。Domain 0在所有其他虚拟域启动之前要先启动，并且所有的设备都会被分配给这个Domain 0，再由Domain 0管理并分配给其他的虚拟域，Domain 0自身也可以使用这些设备。其他虚拟域的创建、启动、挂起等操作也都由Domain 0控制。除此之外，Domain 0还具有直接访问硬件的权限。Domain 0是其他虚拟机的管理者和控制者，可以构建其他更多的虚拟域，并管理虚拟设备；它还能执行管理任务，比如虚拟机的休眠、唤醒和迁移等。

在Domain 0中安装了硬件的原始驱动，担任着为Domain U提供硬件服务的角色，如网络数据通信（DMA传输除外）。Domain 0在接收数据包后，利用虚拟网桥技术，根据虚拟网卡地址将数据包转发到目标虚拟机系统中。因此，拥有Domian 0的控制权限就控制了上层所有虚拟机系统，这致使Domain 0成为攻击者的一个主要目标。

Xen 是由英国剑桥大学计算机实验室开发的一个开放源代码虚拟机监视器，它在单个计算机上能够运行多达 128 个有完全功能的操作系统。Xen 把策略的制定与实施分离，将策略的制定，也就是确定如何管理的相关工作交给 Domain 0；而将策略的实施，也就是确定管理方案之后的具体实施，交给 Hypervisor 执行。在 Domain 0 中可以设置对虚拟机的管理参数，Hypervisor 按照 Domain 0 中设置的参数具体地配置虚拟机。

虚拟化技术可以实现大容量、高负载或者高流量设备的多用户共享，每个用户可以分配到一部分独立的、相互不受影响的资源。每个用户使用的资源是虚拟的，相互之间都是独立的，这些数据有可能存放在同一台物理设备中。以虚拟硬盘来讲，用户使用的是由虚拟化技术提供的虚拟硬盘，而这些虚拟硬盘对于用户来说就是真实可用的硬盘，这些虚拟硬盘在物理存储上可能就是两个不同的文件，但用户只能单纯访问自己的硬盘，不能访问别人的硬盘，所以他们各自的数据是安全的，是相互不受影响的，甚至各个用户使用的网络接口都是不一样的，所使用的网络资源也是不一样的，使用的操作系统也不一样。

使用虚拟化技术可以将很多零散资源集中到一处，而使用的用户则感觉这些资源是一个整体。如存储虚拟化技术则可以实现将很多的物理硬盘集中起来供用户使用，用户使用时看到的只是一块完整的虚拟硬盘。

使用虚拟化技术可以动态维护资源的分配，动态扩展或减少某个用户所使用的资源。用户如果产生了一个需求，如需要添加更多的硬盘空间或添加更多的网络带宽，虚拟化技术通过更改相应的配置就可以快速满足用户的需求，甚至用户的业务也不需要中断。

随着虚拟化技术在不同的系统与环境中的应用，它在商业与科学方面的优势也体现得越来越明显。虚拟化技术为企业降低了运营成本，同时提升了系统的安全性和可靠性。虚拟化技术使企业可以更加灵活、快捷与方便地为最终的用户进行服务，并且用户也更加愿意主动去接受虚拟化技术所带来的各种各样的便利。

二、虚拟化技术分类

按照虚拟资源的类型，虚拟化技术可分为存储虚拟化、网络虚拟化、服务器虚拟化、桌面虚拟化和应用虚拟化。

1. 存储虚拟化

全球网络存储工业协会（Storage Networking Industry Association.SNIA）对存储虚拟化的定义如下。

（1）通过对存储（子）系统或存储服务的内部功能进行抽象、隐藏或隔离，使存储或数据的管理与应用、服务器、网络资源的管理分离，从而实现应用和网络的独立管理。

（2）对存储服务或设备进行虚拟化，能够在对下一层存储资源进行扩展时进行资源合并、降低实现的复杂度。存储虚拟化可以在系统的多个层面实现，比如建立类似于分级存储管理（Hierarchical Storage Management，HSM）的系统。

存储虚拟化旨在将具体的存储设备或存储系统与服务器操作系统分离，通过对具体存储设备或存储系统进行抽象，形成存储资源的逻辑视图，为存储用户提供统一的虚拟存储池。存储虚拟化可以屏蔽存储设备或存储系统的复杂性，简化管理，提高资源利用率；特别对于异构的存储环境，可以显著减少资源的管理成本，向用户提供透明的存储访问。

存储虚拟化包括以下三种方式。

（1）基于主机的存储虚拟化：采用基于软件的方式实现资源的管理。由于不需要任何额外硬件，实现简单，设备成本低。但是由于管理软件在主机上运行，会占用主机的计算资源，扩展性相对较差；同时，由于不同存储厂商软硬件的兼容性带来互操作性转换开销。

（2）基于存储设备的存储虚拟化：通过设备自身的功能模块实现虚拟化。对于用户来说，配置与管理简单，用户也可以与存储设备提供商协调管理方法。但是由于不同存储厂商功能模块的差异，对于异构的网络存储环境，会带来额外的管理成本。

（3）基于网络的存储虚拟化：在网络设备上实现存储虚拟化功能。该方式也存在异构操作系统和多供应商存储环境之间的互操作性问题。

2. 网络虚拟化

网络虚拟化是指对网络设备进行虚拟化，即对传统的路由器、交换机等设备进行扩展，在一个物理网络上虚拟出多个相互隔离的虚拟网络，使得不同用户之间使用独立的网络资源切片，从而提高网络资源利用效率，实现弹性的网络。

网络虚拟化采用基于软件的方式，从物理网络元素中分离网络流量。通常包括虚拟局域网和虚拟专用网。虚拟局域网可以将一个物理局域网划分成多个虚拟局域网，也可以将多个物理局域网的节点划分到一个虚拟局域网中，使得虚拟局域网中的通信类似于物理局域网，并对用户透明；虚拟专用网对网络连接进行了抽象，允许远程用户连接单位内部的网络，感觉就像在单位网络中一样。

网络虚拟化平台不仅可以实现物理网络到虚拟网络的"一虚一"映射，也能实现物理网络到虚拟网络的"多虚一""一虚多"映射。此处的"一虚多"是指单个物理交换机可以虚拟映射成多个虚拟租户网中的逻辑交换机，从而被不同的租户共享；"多虚一"是指多个物理交换机和链路资源被虚拟成一个大型的逻辑交换机，即租户眼中的一个交换机可能在物理上由多个物理交换机连接而成。

欧洲电信标准化协会（ETSI）从服务提供商的角度提出了网络功能虚拟化（Network Functions Virtualization.NFV），一种软件和硬件分离的架构，利用虚拟化技术将网络节点的功能分成几个功能模块，然后以软件的形式实现，使得网络功能不再局限于硬件架构。

3. 服务器虚拟化

服务器虚拟化有时也称为平台虚拟化，是将服务器物理资源抽象成逻辑资源，让一台服务器变成几台甚至上百台相互隔离的虚拟服务器，用户不再受限于物理上的界限，实现

CPU、内存、磁盘、I/O 等硬件变成可以动态管理的"资源池"，从而提高资源的利用率，简化系统管理，实现服务器整合，让 IT 对业务的变化更具适应力。

服务器虚拟化实际上是将操作系统和应用程序打包成虚拟机（Virtual Machine，VM），从而让操作系统和应用具备良好的移动性。虚拟机是指通过软件模拟的具有完整硬件系统功能、运行在一个完全隔离环境中的完整计算机系统。在虚拟机里运行的操作系统被称为客户机操作系统（Guest OS），而管理这些虚拟机的平台称为虚拟机监视器（Virtral Machine Monitor，VMM），也称为 Hypervisor，运行虚拟机监视器 VMM 的操作系统被称为主机操作系统（Host OS）。VMM 是虚拟机技术的核心，它是一层位于操作系统和计算机硬件之间的代码，用来将硬件平台分割成多个虚拟机。VMM 不仅可以管理虚拟机运行状态，还可以对虚拟机进行定制，如 CPU 数量、内存大小等。

常用的服务器虚拟化平台包括 VMware 公司的 vSphere、微软的 Hyper-V、剑桥大学的 Xen、Qumranet 公司的 KVM 等。

4. 桌面虚拟化

桌面虚拟化是指将计算机的终端系统（也称为桌面）进行虚拟化，从而达到桌面使用的安全性和灵活性。可以通过多种设备，如 PC、平板电脑以及手机，在任何地点、任何时间通过网络访问个人的桌面系统。

用户在同一个物理设备上可以同时访问多个不同的桌面系统，这些桌面系统的操作系统可以是相同的，也可以是不同的。服务器将用户的桌面独立出来，每个用户都有自己的用户空间，互不影响，独立出来的桌面与相应的应用软件相配合则可以实现用户远程访问桌面。常见的使用方式是用户远程连接或者使用瘦客户机（Thin Client）对虚拟桌面进行访问与使用。

桌面虚拟化可以实现多种方式接入，支持个性化桌面、支持多虚拟机、支持主流操作系统、支持网络存储空间的动态分配，使桌面系统的灵活性、安全性、可控制性和可管理性得到保障。

5. 应用虚拟化

应用虚拟化是指同一个应用可以在不同的 CPU 体系架构，不同的操作系统上正常运转；应用虚拟化也是一种软件技术，它是一种与底层操作系统无关的封装。应用程序只写一套代码即可处处运行，如 JVM（Java Virtual Machine）支持 Java 代码，使用 Java 实现的应用程序只需要在系统中搭建好 JVM 环境则可以正常运行。同样的，还有其他很多软件也支持这类应用虚拟化，如 Python，Wine（一种应用虚拟化，在 Linux 平台中比较常见。如果想要在 Linux 平台上运行 Windows 应用程序，如果不安装虚拟机，则可以安装一套 Wine 环境，然后就可以直接运行 Windows 应用程序）等。

应用虚拟化把应用程序的人机交互逻辑与计算逻辑分离开来。在用户访问一个虚拟化应用时，用户计算机只需要把人机交互逻辑传送到服务器端，服务器端便会为用户开设独立的会话空间，应用程序的计算逻辑在这个会话空间中运行，然后把变化后的人机交互逻辑传送给客户端，并且在客户端相应的设备上展示出来，从而使用户获得如同运行本地应用程序一样的访问感受，因此极大地方便了应用程序的部署、更新和维护。

第二节　虚拟化技术架构

　　虚拟化是一种资源抽象化的软件技术，其基本思想是分离软硬件资源，目标是通过对各种软硬件资源的表示、访问和管理进行简化，将它们抽象成逻辑资源，并为这些资源提供标准的接口来接收输入和提供输出，进而隐藏资源属性和具体操作之间的差异，降低资源使用者与资源具体实现之间的耦合程度，让使用者不再依赖资源的某种特定实现，从而将使用者在 IT 基础设施发生变化时受到的影响降到最低。

　　虚拟化架构主要由主机、虚拟化层和虚拟机组成。主机是包含 CPU、内存、I/O 设备等硬件资源的物理机器。虚拟化层是虚拟化技术的核心，通常被称为 Hypervisor 或虚拟机监视器（Virtual Machine Monitor，VMM），主要功能是将一个物理主机的硬件资源虚拟化为逻辑资源，提供给上层的若干虚拟机，协调各个虚拟机对这些资源的访问，管理各个虚拟机之间的防护。虚拟机是运行在 Hypervisor 上的客户操作系统（区别于主机操作系统），它们就像真正的计算机进行工作，如可以安装应用程序、访问网络资源等。通过 Hypervisor 提供的硬件资源，多个虚拟机可以运行在同一个主机上。然而对于主机而言，虚拟机只是在其上运行的一个应用程序；而对于运行在虚拟机中的应用程序来说，它就是一台真正的计算机。

　　类型一：裸机虚拟化。

　　在这种架构中，Hypervisor 直接运行在主机硬件上，通过提供指令集和设备接口来提供对上层虚拟机的支持。这种模式实现起来比较复杂，但通常具有较好的性能，典型的实现有 VMware ESXI、Microsoft Hyper-V、Oracle VM、LynxSecure 和 IBM z/VM。

　　类型二：主机虚拟化。

　　在这种架构中，Hypervisor 作为一个应用程序运行在主机操作系统上，利用主机操作系统的功能来实现硬件资源的抽象和上层虚拟机的管理。这种模式实现起来较为容易，但是由于虚拟机对硬件资源的操作需要经过主机操作系统来完成，因此性能大大低于裸机虚拟化，典型实现有 VMware Workstation、VMware Fusion、VMware Server.Xen、XenServer、Microsft Virtual Server R2、Microsoft Virtual PC、Parallels。

　　类型三：操作系统虚拟化。

　　在这种架构中，没有独立的 Hypervisor，主机操作系统本身扮演 Hypervisor 角色，负责在多个虚拟服务器之间分配硬件资源，并且让这些服务器彼此独立。这种模式提供了更高的运行效率，所有虚拟服务器上使用单一标准的操作系统。管理起来比异构环境容易，但是灵活性比较差。另外，由于各个虚拟机的主机操作系统文件及其他相关资源的共享，其提供的隔离性也不如前面所述的两种虚拟化方案好。典型实现有 Parallels Virtuozzo Containers，Solaris Containers、Linux、VServer、Free BSD jails、Open VZ。

在这三种虚拟化的实现中，裸机虚拟化是当今主流的企业级虚拟化架构，在企业数据中心的虚拟化进程中得到广泛应用；主机虚拟化由于其性能低下不能胜任企业级的工作量，最常用于开发、测试或桌面类应用程序；操作系统虚拟化主要是为需要高虚拟机密度的应用程序量身打造的，如虚拟桌面。因此，无论是在具体实现系统性能上，还是在应用场景上，三种不同的虚拟化架构都存在一定差异，各有利弊，在具体部署时应根据架构特点和使用需求进行充分考虑后再慎重选择。

第三节　虚拟化技术原理

迄今为止，虚拟化技术的各方面都有了进步，虚拟化也从纯软件的虚拟化逐渐深入处理器级虚拟化，再到平台级虚拟化乃至输入、输出级虚拟化。对数据中心来说，虚拟化可以节约成本，最大化地利用数据中心的容量，更好地保护数据。虚拟化技术已经成为私有云和混合云设计方案的基础。

本节将简单介绍虚拟机技术原理，包括虚拟机的原理、CPU 虚拟化原理、内存虚拟化原理以及网络虚拟化原理。

一、虚拟机技术原理

虚拟机（Virtual Machine，VM）是指通过软件模拟的具有完整硬件系统功能的并运行在一个完全隔离环境中的完整计算机系统。虚拟机技术是一种资源管理技术，是将计算机的各种实体资源，如服务器、网络、内存及存储等，予以抽象、转换后呈现出来，打破实体结构间的不可切割的障碍，使用户可以以更好的方式来应用这些资源。即将多个操作系统整合到一台高性能服务器上，最大化利用硬件平台的所有资源，用更少的投入实现更多的应用，还可以简化 IT 架构，降低管理资源的难度，避免 IT 架构的非必要扩张。而且虚拟机的真正硬件无关性还可以实现虚拟机运行时的迁移，实现真正的不间断运行，从而最大化保持业务的持续性，不用为购买超高可用性平台而付出高昂的代价。

虚拟机技术实现了一台计算机同时运行多个操作系统，而且每个操作系统中都有多个程序运行，每个操作系统都运行在一个虚拟的 CPU 或虚拟主机上。虚拟机技术需要 CPU、主板芯片组、BIOS 和软件的支持，如 VMM 软件或者某些操作系统。

二、CPU 虚拟化原理

首先，CPU 虚拟化的目的是允许多个虚拟机可以同时运行在 VMM 中。CPU 虚拟化技术是将单 CPU 模拟为多 CPU，让所有运行在 VMM 之上的虚拟机可以同时运行，并且它们相互之间都是彼此独立，互不影响，进而提高计算机的使用效率。在计算机体系中，CPU 是计算机的核心，如果没有 CPU 就无法正常使用计算机，所以，CPU 能否正常被模拟成为虚拟机是能否正常运行的关键。

从 CPU 设计原理上来说，CPU 主要包含三大部分：运算器、控制器以及寄存器。每种 CPU 都有自己的指令集架构（Instruction Set Architecture，ISA），CPU 所执行的每条指令都是根据 ISA 提供的相应的指令标准进行。ISA 主要包含两种指令集：用户指令集（User ISA）和系统指令集（System ISA）。用户指令集一般指普通的运算指令，系统指令集一般指系统资源的处理指令。不同的指令需要不同的权限，指令需要在与其相对应的权限下才能体现出指令执行效果。在 X86 的体系框架中，CPU 指令权限一般分为 4 种，Ring0.1.2.3，如表 6-1 所示。

表 6-1　CPU 的 4 种指令权限

Ring3（User APP）
Ring2（Device Driver）
Ringl（Device Driver）
Ring0（Kemel）

最常用的 CPU 指令权限为 0 与 3：权限为 0 的区域的指令一般只由内核运行；权限为 3 的指令则是普通用户运行；权限为 1 和 2 的区域，一般被驱动程序所使用。想要从普通模式（权限为 3）进入权限模式（权限为 0），需要以下一种情况发生：

·异步的硬件中断，如磁盘读写等。

·系统调用，如 int.call 等。

·异常，如 page fault 等。

从上面内容可以看出，若想要实现 CPU 虚拟化，主要是解决系统 ISA 的权限问题。普通的 ISA 不需要模拟，只需要保护 CPU 运行状态，使得每个虚拟机之间的状态分隔即可，而需要权限的 ISA 则需要进行捕获与模拟，因此要实现 CPU 的虚拟化，就需要解决以下几个问题：

·所有对虚拟机系统 ISA 的访问都要被 VMM 以软件的方式模拟。即所有在虚拟机上产生的指令都需要被 VMM 模拟。

·所有虚拟机的系统状态都必须通过 VMM 保存到内存中。

·所有的系统指令在 VMM 处都有相对应的函数或者模块来对其进行模拟。

·CPU 指令的捕获与模拟，是解决 CPU 权限问题的关键。如图 6-1 所示。

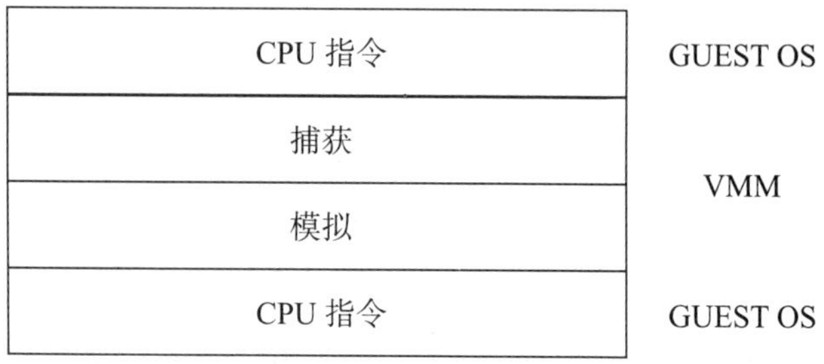

CPU 指令	GUEST OS
捕获	
模拟	VMM
CPU 指令	GUEST OS

图 6-1　CPU 指令的捕获与模拟

CPU 在正常执行指令时，如果是普通指令，不需要进行模拟，直接执行；而如果遇到需要权限的指令时，则会被 VMM 捕获到，并且控制权会转交到 VMM 中，由 VMM 确定执行这些需要权限的指令；VMM 在模拟指令时，会产生与此指令相关的一系列指令集，并执行这些指令；在 VMM 执行完成后，控制权再交回给客户操作系统。

如下面的示例所示：

mov ebx，eax；# 普通指令

eli；# 需要权限的指令，则需要被捕获与模拟

mov eax，ebx；# 普通指令

在虚拟化时，则会动态地变为与以下指令类似的指令：

mov ebx，eax；# 普通指令

call handle_cli；# 用 VMM 中的指令进行替换，在 handle_cli 执行完成后，继续执行之后指令 move ax，ebx；# 普通指令

当然真实的情况并没有想象中那么简单，并不是所有的 CPU 框架都支持类似的捕获，而且捕获这类权限操作带来的性能负担可能是巨大的。并且，在指令虚拟化的同时，也需要实现 CPU 在物理环境中所存在的权限等级。即虚拟化出 CPU 的执行权限等级因为没有了权限的支撑，指令所执行出来的效果可能就不是理想效果了。

为了提高虚拟化的效率与执行速度，VMM 实现了二进制转换器 BT（Binary Translator）与翻译缓存 TC（Translation Cache）。BT 负责指令的转换，TC 用来储存翻译过后的指令。BT 在进行指令转换时一般有以下几种转换形式。

1. 对于普通指令，直接将普通指令拷贝到 TC 中，这种方式称为"识别（Ident）"转换。

2. 对某些需要权限的指令，通过一些指令替换的方式进行转换，这种方式称为"内联（Inline）"转换。

3. 对其他需要权限的指令，需要通过模拟器进行模拟，并将模拟后的结果转交给 VM 从而达到虚拟化的效果，这种方式称为"呼出"（Call-out）转换。

因为指令需要进行模拟，所以有些操作所消耗的时间比较长，在全虚拟化的情况下，它的执行效果会比较低下。因此，才出现了半虚拟化与硬件辅助虚拟化两种另外的虚拟化技术，用于提高虚拟机运行的效率。

三、内存虚拟化原理

除 CPU 的虚拟化以外，另一个关键的虚拟化技术是内存虚拟化。内存虚拟化是让每个虚拟机可以共享物理内存，VMM 可以动态分配与管理这些物理内存，保证每个虚拟机都有自己独立的内存运行空间。虚拟机的内存虚拟化与操作系统中的虚拟内存管理有点类似。在操作系统中，应用程序所"看"到、用到的内存地址空间与这些地址在物理内存中是否连续是没有关系的，因为操作系统通过页表保存了虚拟地址与物理地址的映射关系，在应用程序请求内存空间时，CPU 会通过内存管理单元（Memory Management Unit，MMU）与转换检测级冲器（Translation Lookaside Buffer，TLB）自动地将请求的虚拟地址转换为与之相对应的物理地址。而如今，所有 ×86 体系的 CPU 都包含有 MMU 与 TLB，用于提高虚拟地址与物理地址的映射效率，所以也要将 MMU 与 TLB 在虚拟化的过程中一起解决。多个虚拟机运行在同一台物理设备上，真实物理内存只有一个，同时又需要使每个虚拟机独立运行，因此，需要 VMM 提供虚拟化的物理地址，即添加另外一层物理虚拟地址。

虚拟地址：客户虚拟机应用程序所使用的地址。物理地址：由 VMM 提供的物理地址。机器地址：真实的物理内存地址。映射关系：包含两部分，客户机中的虚拟地址到 VMM 物理地址的映射；VMM 物理地址到机器地址的映射。

客户虚拟机不能再通过 MMU 直接访问机器的物理地址，它所访问的物理地址是由 VMM 所提供。即客户虚拟机以前的操作没有发生改变，同样保持了虚拟地址到物理地址的转换，只是在请求到真实的地址之前，需要再多一次地址的转换——VMM 物理地址到机器地址的转换。通过两次内存地址的转换，可以实现客户虚拟机之间的相互独立运行，只是它们运行的效率会低很多。为了提高效率，引入了影子页表（Shadow Page Table），硬件辅助虚拟化的出现更进一步提高了地址映射查询的效率，此处便不再进一步讨论。

四、网络虚拟化原理

网络虚拟化提供了以软件的方式实现的虚拟网络设备，虚拟化平台通过这些虚拟网络设备可以实现与其他网络设备进行通信。而通信的对象可以是真实的物理网络设备，也可以是虚拟的网络设备。所以，网络虚拟化是要实现设备与设备之间的与物理连接没有关系的虚拟化连接。因此，网络虚拟化主要解决的问题有两个，网络设备与虚拟连接。虚拟化的网络设备可以是单个网络接口，也可以是虚拟的交换机以及虚拟的路由器等。在同一个局域网内，任何两个不同的虚拟设备都可以实现网络的连接，如果不是在同一个网内，则需要借助网络协议才能实现网络的正常连接与通信，如 VLAN（Virtual Local Area Network）、VPN（Virtual Private Network）等协议。

以 VLAN 为例简单说明网络虚拟化的连接与通信。VLAN 将网络节点按需划分成若干个逻辑工作组，每一个逻辑工作组对应一个虚拟网络，每一个虚拟网络就像是一个局域网，不同的虚拟网络之间相互独立，无法连接与通信。如果需要通信，则需要路由设备的协助，转发报文才可以正常通信。由于这些分组都是逻辑的，所以这些设备不受物理位置的限制，只要网络交换设备支持即可。

第四节　虚拟机安全机制

在 IT 企业跃跃欲试地从传统数据中心迈向新型云计算数据中心的关键时刻，虚拟化面临的安全威胁以及它给传统的安全防护方式带来的挑战使 IT 企业决策者停滞不前。对于虚拟化安全的研究，保护 Hypervisor 和虚拟机安全是研究的热点。对于 Hypervisor 的安全性保障可以通过简化 Hypervisor 功能和保护 Hypervisor 完整性两个方面来着手，同时保障虚拟机资源隔离性、数据安全性、通信安全性以及代码完整性等。虚拟机的安全可以通过加密机制、安全域划分，制定访问控制策略等措施来保障，并结合基于虚拟化架构的安全监控来保障操作系统和应用程序的安全性。

一、宿主机安全机制

通过宿主机对虚拟机进行攻击可谓是得天独厚，一旦入侵者能够"探访"物理宿主机，他们就能够对虚拟机展开各种形式的攻击，具体如图 6-2 所示。

攻击者可以不用登录虚拟机系统而直接使用宿主机操作系统特定的热键来杀死虚拟机进程、监控虚拟机资源的使用情况或者关闭虚拟机；也可以暴力删除整个虚拟机或者利用软驱、光驱、USB、内存盘等窃取存储在宿主机操作系统中的虚拟机镜像文件；还可以在宿主机操作系统中使用网络嗅探工具捕获网卡中流入或流出的数据流量，进而通过分析和篡改达到窃取数据或破坏虚拟机通信的目的。

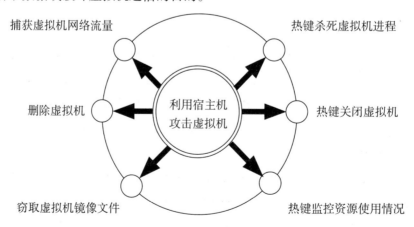

图 6-2　利用宿主机攻击虚拟机

由此可见，保护宿主机安全是防止虚拟机遭受攻击的一个必要环节。目前，绝大多数传统的计算机系统都已经具备了较为完善并且行之有效的安全机制，包括物理安全、操作系统安全、防火墙、入侵检测与防护、访问控制、补丁更新以及远程管理技术等方面，这些安全技术对于虚拟系统而言仍是安全有效的保障。

当前，传统的安全防护技术已经十分成熟，利用这些技术对宿主机实现全面防护，避免攻击者通过宿主机对虚拟机产生危害，对于增强虚拟机的安全性而言，具有十分重要的作用。

二、Hypervisor 安全机制

Hypervisor 是虚拟化平台的核心。随着 Hypervisor 的功能越来越复杂，其代码量越来越大，导致安全漏洞也越来越多，针对 Hypervisor 的恶意攻击也不断涌现，如前面所述的 VMBR、虚拟机逃逸攻击等。因此，保障 Hypervisor 安全是增强虚拟化平台安全性的重中之重，目前的研究重点主要有加强 Hypervisor 自身安全性和提高 Hypervisor 防护能力两个方面。

1.Hypervisor 自身的安全保障

在虚拟化架构中，Hypervisor 处于中间层，向下需要管理基本硬件设施的虚拟和抽象，向上需要管理多个虚拟机的运行维护、资源分配、资源访问等，其重要性不言而喻，Hypervisor 自身的安全性不容忽视。因此，诸多学者致力于研究安全的 Hypervisor，从而提高 Hypervisor 自身的安全性和可信性。目前主要有两个研究方向：一是构建轻量级 Hypervisor；二是对 Hypervisor 进行完整性保护。

（1）构建轻量级 Hypervisor

在虚拟化体系中，Hypervisor 是上层虚拟机应用程序的可信计算机的重要组成部分，如果无法保证 Hypervisor 的可信，则应用程序的运行环境也将没有安全性保证。然而，随着 Hypervisor 功能的增多，体积逐渐增大，可信性反而降低。为了解决这个问题，近年来，诸多学者都致力于构建轻量级 Hypervisor 的研究，减小 TCB（Trusted Computing Base，可信计算基），并取得了许多研究成果。

（2）完整性保护

利用可信计算技术对 Hypervisor 进行完整性度量和验证，从而确保它的可信性，也是 Hypervisor 安全研究中的重要方向。

2. 提高 Hypervisor 防御能力

从上述介绍和分析可以看到，无论是通过构建轻量级的 Hypervisor，还是利用可信计算技术对 Hypervisor 进行完整性保护，在技术上实现均有较大难度，有些甚至需要对 Hypervisor 进行修改，这在大规模的虚拟化部署和防护中可能不太适用。相比之下，借助一些传统的安全防护技术来增强 Hypervisor 的防御能力将更加容易实现，主要有以下防御方法。

（1）防火墙保护 Hypervisor 安全

物理防火墙能够为连接到物理网络中的服务器和设备提供保护，但是对于连接到虚拟网络的虚拟机，物理防火墙的防护就显得捉襟见肘了。为了解决这一问题，虚拟防火墙与物理防火墙可以结合使用。

（2）合理分配主机资源

在 Hypervisor 中实施资源控制，可以采取以下两种措施：第一，通过限制、预约等机制，保证重要的虚拟机能够优先访问主机资源；第二，将主机资源划分、隔离成不同的资源池，将所有虚拟机分配到各个资源池中，使每个虚拟机只能使用其所在的资源池中的资源，从而降低由于资源争夺而导致的虚拟机拒绝服务的风险。

（3）扩大 Hypervisor 安全到远程控制台

虚拟机的远程控制台和 Windows 操作系统的远程桌面类似，可以使用远程访问技术启用、禁用和配置虚拟机。倘若虚拟机远程控制台配置不合理，可能会给 Hypervisor 带来安全风险。首先，和 Windows 远程桌面限制每个用户获取一个单独会话不同的是，虚拟机的远程控制台允许多人同时连接；如果具有较高权限的用户第一个登录进入远程控制台，则较低权限的用户登录后，可以获得第一个用户具有的较高权限，由此可能造成越权非法访问，给系统造成危害。其次，远程虚拟机操作系统与用户本地计算机操作系统之间具有复制粘贴的功能，通过远程管理控制台或者其他方式连接到虚拟机的任何人都可以使用剪切板上的信息，由此可能会使用户的敏感信息泄露。为了避免这些风险的发生，必须对远程控制台进行必要的配置：第一，应当设置同一时刻只允许一个用户访问虚拟机控制台，即把远程管理控制台的会话数限制为 1，从而防止多用户登录造成的原本权限较低的用户访问敏感信息。第二，要禁用连接到虚拟机的远程管理控制台的拷贝和粘贴功能，从而避免信息泄露问题。这些配置虽然十分简单，却可以规范远程控制台的使用，进而能够增强 Hypervisor 的安全性。

（4）通过限制特权减少 Hypervisor 的安全缺陷

在 Hypervisor 的访问授权上，许多管理员为求简单方便直接将管理员权限分配给用户。拥有管理员权限的用户可能会执行过多危险操作，破坏 Hypervisor 的安全，如重新配置虚拟机、改变网络配置、窃取数据、改变其他用户权限等。为了避免这样的安全缺陷，必须对用户进行细粒度的权限分配。首先创建用户角色，不分配权限。然后将角色分配给用户，根据用户需求来不断增加该用户对应的角色的权限，以此来确保该用户只获取了他所需要的权限，从而降低特权用户给 Hypervisor 带来的安全风险。

三、虚拟机隔离机制

1. 虚拟机安全隔离模型

目前，虚拟机安全隔离研究多以 Xen 虚拟机监视器为基础。开源 Xen 虚拟监视器有很多安全漏洞，特别是 Xen 依赖于 VMO 管理其他的客户虚拟机所导致的一些漏洞，可能在客户虚拟机内部或外部被攻击者利用。

（1）硬件协助的安全内存管理（SMM）

当虚拟机共享或者重新分配硬件资源时会造成许多安全风险。SMM 提供加 / 解密来实现客户虚拟机内存与 VMO 内存间的隔离。

在 SMM 架构中，Hypervisor 只能将 SMM 控制的内存分配给客户虚拟机。所有虚拟机分配内存的请求都经过 SMM 处理。SMM 用来加 / 解密虚拟机数据的密钥由 TPM 系统产生和分发，而且 SMM 只加密分配给虚拟机的内存。

（2）硬件协助的安全 I/O 管理（SIOM）

在一台使用了 Xen 虚拟机管理器的物理主机上，每台客户虚拟机都被分配了软件模拟的 I/O 设备，即虚拟的 I/O 设备，其作用是在多个虚拟机之间调度物理 I/O 资源，包括资源复用、资源分工和资源调度。另外，当物理 I/O 设备响应其他请求时，虚拟机的请求和数据需要被缓存起来。在这里，所有虚拟机共享用来虚拟物理 I/O 设备的内存和缓存。

在 SIOM 架构中，每个虚拟机的 I/O 访问请求经过各自的虚拟 I/O 设备发送到 I/O 总线上，由虚拟 I/O 控制器根据协议和虚拟机内存（或缓存）中的数据决定当前的 I/O 操作，再经过虚拟 I/O 总线访问实际的 I/O 设备。通过为每个虚拟机定制一个专用的虚拟 I/O 设备，客户虚拟机的 I/O 访问路径不再通过 VMO，从而将各个虚拟机之间的 I/O 操作隔离开来。从 I/O 操作方面来讲，VMO 的故障不会影响整个 I/O 系统。

2. 虚拟机访问控制模型

通过适当的访问控制机制来增强虚拟机之间的隔离性也是虚拟机隔离技术的重要研究方向，典型的虚拟机访问控制模型是 IBM 美国研究中心在 2005 年提出的 sHype，它通过访问控制模块（Access Control Model，ACM）来控制虚拟机系统进程对内存的访问，实现内部资源的安全隔离。

sHype 通过给虚拟机和虚拟资源分配安全标签实现访问控制，支持的访问控制策略有简单类型策略和中国墙策略。sHype 强制访问控制架构在 Ken 中得到实现，集成为 sHype/Xen 的安全模块 XSM。XSM 支持一个安全请求的集合，包括资源控制、虚拟机之间的访问控制、隔离虚拟资源。该架构中有一个最关键的组成部分，即图中虚线代表的回调函数，其作用有三个，分别是：

（1）按照访问控制策略为新建的虚拟机分配安全标签，并在虚拟机撤销时释放标签。

（2）向 XSM 模块报告虚拟机操作的安全参考值和具体的操作类型。

（3）在虚拟机创建、重启及迁移之前检查并调整运行中的冲突集。

sHype 执行访问控制策略的流程为：先收集此次虚拟机访问操作的相关信息（如虚拟机标签、资源标签和访问操作类型），然后调用 XSM 模块判定该虚拟机对所请求资源的访问权限，最后实施访问控制策略。通过 XSM 模块，Xen 虚拟机管理器可以控制单台物理主机上多个虚拟机之间的资源共享和隔离性，但是不能解决大规模分布式环境下的虚拟机隔离安全问题。

针对这个问题，美国卡内基梅隆大学 IBM 基于 sHype 提出了一种分布式强制访问控制系统，称作 Shamon，它基于 Ken 实现了一个原型系统。

在 Shamon 系统中，MAC 虚拟机管理器作为管理程序运行在独立的物理节点之上，控制不同用户虚拟机之间的信息流传递。该系统最关键的地方在于，通过创建一个可以信赖的 MAC 虚拟机，在跨物理节点的用户虚拟机通信上执行共同的 MAC 策略，节点间的共享参考监控器就包含在每个节点的 MAC 虚拟机管理器和 MAC 虚拟机里面。同时，Shamon 通过在节点之间构造安全 MAC 标记通道，通过 MAC 标记来执行安全策略，以此保护跨节点的用户虚拟机之间的通信安全性和完整性。

结　语

　　计算机数据库安全问题在云背景的当下已经成为一个重大问题，云计算时代的到来，为计算机数据库管理带来了诸多便利，但是基于风险因素不断增多，仍然不能全面依赖云计算，但是云计算又有着必要的价值。因此，只有做好云环境下计算机数据库的安全管理，更好地发挥云环境的有利条件，才能保障数据库的安全，更好地服务人们。云计算现在还处于发展阶段，在相关领域还没有完全形成统一的技术与标准。标准不一致，云计算平台很难进行大规模的扩展和应用。一方面，云计算技术自身没有建立和形成一致的规范和标准，不利于用户的认可和推广。另一方面，云计算技术在相关领域也没有形成共同的技术标准和数据规范，在行业的信息化管理系统中，软件公司根据不同的情况设置不同的标准和规范，制约了云计算平台的扩展和完善，使软件公司开发的软件无法聚合到云计算平台中，难以形成城市化的云服务器集群，使云计算平台在规范化和产业化面临着巨大阻力。

　　总而言之，在新时期环境下，云计算和云存储下的数据存储具有非常大的发展潜力，是互联网技术发展中需要重点研究的内容，为了充分发挥云计算和云存储下的数据存储优势，还需要对此不断地进行探索和研究，使其更加有效地落实到实际应用中。云计算作为当前互联网中最具发展潜能的技术革命，越来越受到众多企业和各国政府的密切关注。由于云计算对互联网的依赖性比较强，无法避免一些数据不安全问题的发生，但是随着云计算技术不断地加速发展，在云计算安全系统中建立威胁模型以及不断地完善云计算数据安全保障机制，就能有效地避免数据不安全问题的发生。

参考文献

[1] 陈潇潇，王鹏，徐丹丽．云计算与数据的应用 [M]．延吉：延边大学出版社，2018．

[2] 宋俊苏．大数据时代下云计算安全体系及技术应用研究 [M]．长春：吉林科学技术出版社，2021．

[3] 黄冬梅，邹国良，等．海洋大数据 [M]．上海：上海科学技术出版社，2016．

[4] 陈建辉．基于安全协议的云计算平台数据安全及隐私保护研究 [M]．成都：电子科技大学出版社，2018．

[5] 孔令云．大数据关键技术与展望 [M]．成都：四川大学出版社，2019．

[6] 石瑞生．网络空间安全专业规划教材大数据安全与隐私保护 [M]．北京：北京邮电大学出版社，2019．

[7] 祁梦昕．云计算与大数据环境下的互联网金融 [M]．武汉：武汉大学出版社，2016．

[8] 伍琦．云环境下数据存储安全技术研究 [M]．南昌：江西人民出版社，2019．

[9] 王涛．云数据安全存储和可搜索加密理论与技术 [M]．西安：西安电子科学技术大学出版社，2022．

[10] 冯丹，曾令仿．信息存储技术专利数据分析 [M]．北京：知识产权出版社，2016．

[11] 齐力．公共安全大数据技术与应用 [M]．上海：上海科学技术出版社，2017．

[12] 周建峰，张宏，许少红．数据存储、恢复与安全应用实践 [M]．北京：中国铁道出版社，2015．

[13] 赵霜．数据安全存储与数据恢复 [M]．西安：西北工业大学出版社，2013．

[14] 舒尔茨．云和虚拟数据存储网络 [M]．李洪涛，等译．北京：国防工业出版社，2017．

[15] 黄晓芳．网络安全技术原理与实践 [M]．西安：西安电子科技大学出版社，2018．

[16] 曹建军，刁兴春．数据质量导论 [M]．北京：国防工业出版社，2017．

[17] 赵亮．云计算技术与网络安全应用 [M]．成都：电子科技大学出版社，2017．

[18] 卿昱．云计算安全技术 [M]．北京：国防工业出版社，2016．

[19] 张剑．信息安全技术应用 [M]．成都：电子科技大学出版社，2015．

[20] 张剑．信息安全技术 [M]．成都：电子科技大学出版社，2015．

[21] 梁凡．云计算中的大数据技术与应用 [M]．长春：吉林大学出版社，2018．

[22] 卜海兵，徐明远，杨宏桥．数据存储、恢复与安全应用实践 [M]．北京：中国铁道出版社，2012．

[23] 李飞，吴春旺，王敏 . 信息安全理论与技术 [M]. 西安：西安电子科技大学出版社，2016.

[24] 雷敏等 . 网络空间安全导论 [M]. 北京：北京邮电大学出版社，2018.

[25] 申时凯，佘玉梅 . 基于云计算的大数据处理技术发展与应用 [M]. 成都：电子科技大学出版社，2019.

[26] 宋俊苏 . 大数据时代下云计算安全体系及技术应用研究 [M]. 长春：吉林科学技术出版社，2021.

[27] 陶皖 . 云计算与大数据 [M]. 西安：西安电子科技大学出版社，2017.

[28] 陈建辉 . 基于安全协议的云计算平台数据安全及隐私保护研究 [M]. 成都：电子科技大学出版社，2018.

[29] 朱利华 . 云时代的大数据技术与应用实践 [M]. 沈阳：辽宁大学出版社，2019.

[30] 冯钟葵等 . 遥感数据接收与处理技术 [M]. 北京：北京航空航天大学出版社，2015.